2021年7月"抖音电商直播基地（辛集）线上服装推广方案与现场执行"项目

当代服装表演艺术的多维探索与研究

王　淼◎著

吉林文史出版社

图书在版编目（CIP）数据

当代服装表演艺术的多维探索与研究 / 王淼著 . 一
长春 : 吉林文史出版社，2023.11
ISBN 978-7-5472-9998-2

Ⅰ . ①当… Ⅱ . ①王… Ⅲ . ①服装表演 – 表演艺术 –
研究 Ⅳ . ① TS942

中国国家版本馆 CIP 数据核字（2023）第 223450 号

当代服装表演艺术的多维探索与研究
DANGDAI FUZHUANG BIAOYAN YISHU DE DUOWEI TANSUO YU YANJIU

著　　者：王　淼
责任编辑：梁丹丹
出版发行：吉林文史出版社
电　　话：0431-81629369
地　　址：长春市福祉大路 5788 号
邮　　编：130117
网　　址：www.jlws.com.cn
印　　刷：河北万卷印刷有限公司
开　　本：710mm×1000mm　1/16
印　　张：15.5
字　　数：236 千字
版　　次：2023 年 11 月第 1 版
印　　次：2024 年 1 月第 1 次印刷
书　　号：ISBN 978-7-5472-9998-2
定　　价：88.00 元

前　言

随着时代的发展，服装不仅仅是人们日常生活中的基本需求，更是文化、艺术和审美的体现。本书旨在深入探讨服装表演艺术的各个方面，从历史沿革到现代技术的应用，为读者提供全面而深入的思考。

第一章主要介绍服装表演艺术的起源和发展，从服装表演艺术的历史沿革，到服装审美与服装表演艺术的关系，再到服装表演的基本概述，为读者打下坚实的专业基础。

第二章聚焦于服装表演艺术中的妆发设计。化妆和发型是服装表演的重要组成部分，本章从化妆造型的基本概述，到化妆设计，再到发型造型设计，为读者展示了妆发设计的技巧和魅力。

第三章重点探讨模特在服装表演中的基础训练，包括站立姿态、表演步伐、定位、转身以及面部表情的训练，旨在帮助模特更好地展现服装的魅力。

第四章以新媒体为依托，深入探索服装表演舞台的设计。新媒体为舞台设计带来了无限的可能性，本章从舞台设计的探索，到新媒体在舞台设计中的意义、应用和发展，为读者展示了新媒体与服装表演艺术的完美结合。

第五章详细论述服装表演中的场地设计与制作，包括场地布局、台型确定、灯光设计、音乐选择以及后台的设计与维护，为读者提供了全面的场地设计指南。

第六章主要探讨服装表演中的表演编排设计，从基本的编排设计方法，到不同舞台表演形式的编排设计，再到时尚赛事的表演编排设计，为读者展示了编排设计的多样性和创意。

第七章聚焦于服装表演的传播与公关。在这个信息爆炸的时代，如何有效地传播服装表演，如何进行公关策划，本章为读者提供了宝贵的建议和指导。

本书引领读者真正走进服装表演艺术的世界，感受其魅力和深度。由于作者水平有限，书中可能存有疏漏之处，望广大读者批评指正。

王 淼

目　录

第一章　走进服装表演艺术

第一节　服装表演艺术的历史沿革

一、服装表演艺术的发展

服装表演艺术是随着时装的出现而产生的，随着服装行业的发展，服装表演艺术也在不断发展和变化，其发展历程经历了以下三个不同时期。

（一）萌芽时期

20世纪初，随着时装的出现，一些商家开始组织简单的时装展示，这便是早期的服装表演形式。此时的表演主要是为了向顾客推销时装，因此表演的规模较小，时装种类单一。此时的表演还没有形成规范化的流程和技巧，更像是一种简单的商品推介方式。

"时装玩偶"是最初的服装模特。[①] 早在1391年，法国国王查理六世的妻子伊莎贝拉王后发明了一种叫作时装玩偶（Fashion Doll）的玩具礼品，把它送给了英王的妻子安妮王后，便掀起了宫廷里互赠玩偶的风潮。这种玩具模型穿着各式各样的服装，展示了当时最新的时尚潮流，因此被称为"时装玩偶"。后来，这种玩具模型逐渐流行于欧洲的贵族中，用于展示服装和社交礼仪。1896年初，英国伦敦举办了首次玩偶时装表演，这场演出取得了圆满成功，并在当时的时装界引起了极大的轰动。这次演

---

① 米平平.服装表演训练教学中的高效实用教程解析：评《服装表演概论》[J].中国教育学刊，2017（1）：1.

出是由服装设计师查尔斯·弗雷德里克·沃斯（Charles Frederick Worth）组织的，他被誉为"现代时装的创始人"。在这次玩偶时装表演中，沃斯使用了真人大小的玩偶模型，穿着他设计的最新时装，并配以相应的发型和妆容。这些模型不仅展示了时尚潮流，而且展示了服装的细节和工艺。这次表演的成功，标志着时尚产业的发展进入了一个新的阶段，也为后来的服装表演艺术奠定了基础。此外，这次玩偶时装表演也是当时社交圈子内的一次重大事件，吸引了众多社会名流和贵族参加。这也反映了当时社会对于时尚和潮流的关注与追求。

玛丽·维纳特·沃斯（Mary Vernet Worth）是服装史上第一位女模特。她是法国服装设计师查尔斯·弗雷德里克·沃斯（Charles Frederick Worth）的妻子。[①] 沃斯在1858年开始他的职业生涯，成为一名高级时装设计师，而玛丽成为他的灵感来源和模特。玛丽·维纳特·沃斯的美丽和优雅吸引了许多人的目光，她的出现为沃斯的设计作品增添了更多的魅力。她的身材和姿势成为沃斯设计作品的重要参考，她的形象也成了他的品牌标志之一。1858年，随着沃斯设计师品牌的经营规模不断扩大，他对时尚的创新设计和高质量的制作工艺吸引了越来越多的顾客。为了满足顾客对最新时尚的需求，沃斯开始雇用更多年轻貌美的女士，在玛丽的带领下，她们不断将新颖的服饰展示给顾客。这些模特不仅展示了沃斯的设计作品，还以其优雅和美丽的形象吸引了更多顾客的关注和赞赏。在这种商业需求的驱动下，世界上第一支服装表演队形成了。这支队伍由沃斯精心挑选的模特组成，她们在时装展示中扮演着重要的角色。她们不仅展示了最新的时装设计，还以其专业的表现和影响力吸引了更多的顾客。这种创新的营销策略在当时的时尚产业中引起了轰动，也为时尚产业的发展开辟了新的道路。此后，其他服装店竞相效仿，纷纷成立了自己的服装表演队。这些表演队成为时尚产业中的重要力量，不仅展示了最新的时尚潮流，还推动了设计师品牌的发展和壮大。服装表演艺术的兴起，为时尚产业的发展注入了新的动力和活力。

1905年，欧洲的时尚产业已经颇为成熟，大量的服装店开始为顾客

---

① 柳文博，王宝环.时装模特发展简史[J].丹东师专学报，2001（4）：76-77.

定期举办服装展示会。这些展示会旨在向公众展示店中当季的流行款式，成为当时社会上广泛流行的一种活动。这些展示会让人们了解了最新的时尚趋势，满足了人们对时尚的需求和追求。巴黎高级服装设计师保罗·波列（Paul Poiret）是 20 世纪初的一位杰出服装设计师，他以独特的艺术眼光和创造力，成为时尚界的领袖人物。他不仅在设计上有着非凡的才华，还将服装表演艺术带到一个新的高度。1905 年，保罗·波列率领他的服装表演队在欧洲各地进行巡回展演。这种跨越地域的展示方式，让更多人能够欣赏到他的作品，加速了时尚信息的传播。1890 年，帕昆夫人首次将服装表演引入歌剧表演。她为巴黎的歌剧《浮士德》设计了一系列服装，这些服装在舞台上不仅展现了歌剧的故事情节，还展示了帕昆夫人独特的时尚品位和设计风格。这次表演引起了轰动，被认为是时尚界的一次重大突破。

随着时代的进步和市场经济的发展，商业竞争日趋激烈。在这种环境下，如何让产品在市场中脱颖而出，成为每家企业深思熟虑的问题。产品的宣传自然成为这场竞赛中的关键棋子。而在服装行业，模特业正是这个关键棋子的最佳代表。随着时间的推移，服装表演中逐渐融入更多具有欣赏性的元素，比如音乐、舞蹈和戏剧等。这些元素不仅使服装表演更加生动有趣，而且为服装本身赋予了更多的艺术性和情感性，使之成为真正的视觉艺术品。1908 年，"达夫戈登"商店的服装展示便是这种变革的典型代表。在伦敦汉诺佛广场的这场展示中，不再是简单的模特走秀。模特们在精心选取的音乐伴奏下，有序地走上台，展示着每件精美的服装。与此同时，展示的空间也得到了扩大，不再局限于狭小的室内场所，而是利用了广阔的户外空间，为观众带来了更为开放、自由的观赏体验。此外，这种特定场地的服装表演形式也为服装增添了更多的情境性。此次展示的成功，不仅仅标志着"达夫戈登"商店在商业竞争中的一次胜利，更代表了服装表演艺术形式的一次重大革新。

艺术与时尚，两者仿佛始终走在相互交融的道路上。而在 20 世纪初，这种交融达到了一个新的高潮。随着艺术性的服装表演在欧洲的流行，这股浪潮逐渐吹向大西洋的另一边，引起了美国时尚界的关注。1914 年 8 月 18 日，作为北美的服装工业中心，芝加哥成为这场艺术与时尚的盛宴的主场地。在这里，美国举办了首次艺术性服装表演。这次服装表演并不只是一个简单的模特走秀，它将服装、音乐、舞蹈和戏剧完美地融合在一起，为观众带来一场前所未有的视听盛宴。这次活动的规模之大、影响之广，使其被誉为当时的"世界最大系列服装表演"。[①]

1917年2月5日至10日，在芝加哥湖滨大剧院的"时装发源地"时装表演，标志着时装展示形式的一次创新与突破。由服装制造者协会主办的这一盛大活动，不仅展现了时尚的前沿趋势，也为舞台设计带来了全新的革命性思考。在此次表演中，最引人注目的非常规元素便是作为舞台背景的电影胶片。这种创新的尝试把传统的时装表演提升至一个全新的艺术层次，它融合了时装、音乐、影像等多种艺术形式，为观众呈现了一个五感共鸣的沉浸式体验。动态的影像背景为静态的服装赋予了生命和故事，让每套服装仿佛拥有了自己的灵魂和情感。这种电影胶片背景的引入不仅仅是为了装饰，更为时装展示提供了丰富的情境，使得服装不再是孤立的展示对象，而是融入一个完整的故事或情境中。每一个细节、每一个动作、每一段音乐都与这个背景紧密相连，形成了一个和谐统一的整体。这种创新的尝试对后来的舞台设计产生了深远的影响。至此，现代服装表演中的基本要素已经日趋完善。音乐、T台、背景、模特、采编等元素逐渐成形，形成了今天人们熟知的服装表演模式。这不仅仅是时尚界的一次创新，更是艺术与技术相结合的产物。

服装表演作为一种特殊的艺术和商业表达方式，自19世纪40年代萌芽，经历了一个漫长且富有挑战性的80年，直到20世纪20年代才渐渐展现出其成熟的面貌。这一进程充分展现了服装表演从单纯的商业推广手段向艺术与文化事业的转变。

（二）成熟时期

从20世纪20年代开始，服装设计师开始更加注重利用服装表演来展示自己的设计理念和品牌形象。在这个时期，随着时尚产业的迅速发展，服装表演逐渐成为一种独立的艺术形式，并形成了较为完善的表现形式和

---

① 周科.传播学视域下服装展示形态及创新设计研究[M].长春：吉林大学出版社，2019：127.

表演风格。

在 20 世纪 20 年代后期，著名的时装设计师瑞德·葛瑞（Reade Shaw）开始运用服装表演来展示自己的设计作品。他在自己的时装店里举办了一系列时装展示会，邀请了一些著名的模特来穿着他的设计作品进行表演。这些表演不仅展示了瑞德·葛瑞的设计理念和品牌形象，也开创了现代服装表演的先河。到了 20 世纪 30 年代，越来越多的服装设计师开始利用服装表演来展示自己的设计作品。这一时期，服装表演已经成为时尚产业中非常重要的一环，设计师们开始更加注重表演的舞台效果和艺术表现力。在这个时期，一些著名的时装设计师如赫尔曼·奥布里恩（Herman Obrien）和乔治·阿玛尼（Georgio Armani）等都开始运用服装表演来展示自己的设计作品。他们不仅在服装设计和表演内容上倾注更多心血，还在表演的舞台效果和艺术表现力上不断创新。这一时期，服装表演的规模逐渐扩大、形式逐渐多样。设计师们开始举办大型的时装展示会，邀请更多的模特和嘉宾参与表演。同时，他们也开始尝试运用新的舞台设计和音乐等元素，为观众带来更加震撼的视觉和听觉体验。随着时尚产业的迅速发展和媒体的不断壮大，服装表演也逐渐成为社会文化活动的一部分。观众们开始更加关注时尚界的发展动态，服装表演成为社交场合中展示个人品位和时尚敏感度的机会。

20 世纪 50 年代是服装表演发展的黄金时期，随着电视媒体的普及和时尚产业的迅速发展，服装表演成为更广泛的社会文化活动。电视的普及使得服装表演能够传播到更广泛的观众群体中，而时尚产业的迅速发展为这种形式提供了更广阔的舞台。在这个时期，一些著名的时装设计师都开始运用大型服装表演来展示自己的设计作品。这些表演往往会在著名的场所举办，如巴黎的卢浮宫、纽约的广场酒店等，吸引了来自世界各地的观众和媒体。这些表演不仅展示了设计师的设计理念和品牌形象，也成为时尚产业中的重要一环。这些大型服装表演不仅仅是简单的服装展示，更是一种综合性的艺术表现形式，融合了音乐、舞蹈、戏剧等多种艺术元素。设计师们注重舞台效果和艺术表现力，通过精心策划的灯光、音乐和舞美等元素的运用，营造出一种独特的氛围和风格。模特们在舞台上展示服装的同时，也通过肢体语言和面部表情来传达设计师的设计理念和情感。这些服装表演不仅展示了设计师们的创新和才华，也成为社交场合的一部分。观众可以通过观看这些表演来展示自己的时尚品位和社交地位，而设计师也可以通过这些表演来扩大自己的影响力，吸引更多的客户和商业机会。这些表演成为时尚界和社会文化活动的一部分，为推动时尚产业的发展和进步作出了重要贡献。

到了 20 世纪 60 年代，随着嬉皮士文化和反传统主义的兴起，服装表演开始呈现更加多元化和自由化的风格。这一时期，年轻人追求自由、个性、反传统和环保等理念，使得时尚界出现了更多的非传统设计和元素。这一时期，一些著名的时装设计师如亚历山大·麦昆（Alexander McQueen）、川久保玲（Comme des Garcons）等都开始运用非传统的服装元素和表现手法来展示自己的设计作品。他们借鉴了嬉皮士文化和反传统主义的理念，创作出更加个性化和自由化的服装设计，打破了传统的时尚规范和审美观念。在这些服装表演中，常常出现一些非传统的服装元素，如大量的花卉、植物和动物图案，以及更加宽松和舒适的服装款式。设计师们也开始更加注重环保和可持续性，运用更多的天然材料和回收材料来制作服装。同时，这些服装表演也更加注重舞台效果和艺术表现力。设计师们运用先进的灯光技术和音乐编排，创造出更加震撼和富有视觉冲击力的舞台效果。模特们在舞台上不仅展示服装，也通过肢体语言和面部表情来传达设计师的设计理念和情感。

这些更加多元化和自由化的服装表演吸引了更多的年轻人的关注，也进一步推动了时尚产业的发展和进步。它们打破了传统的时尚规范和审美观念，为后来的时尚设计师提供了更多的创作灵感和借鉴。同时，这些表演也成了人们追求自由、个性、反传统和环保理念的重要表达方式，影响了人们的审美观念和生活方式。

（三）多元发展时期

随着 21 世纪的到来，服装表演艺术迎来了一个全新的历史时期。这一时期的特点是多元化、跨界融合与创新。与过去相比，现代的服装表演不仅仅是服装的简单展示，而是一种融合了多种艺术形式、文化元素和社会议题的综合艺术展现。

舞台设计，作为艺术和技术的综合产物，在 21 世纪的服装表演中扮演了至关重要的角色。对细节与深度的追求不仅展现了设计师的创新思维，也使观众能够深入体验并理解服装背后的故事与文化。在过去，服装展示的舞台设计往往以简洁为主，重点是使观众将注意力集中在服装本身。但随着技术的进步和观众审美的提升，简单的背景和照明已经不能满足现代观众的观感需求。现代技术，如 3D 投影、智能灯光和高清音响，使舞台空间变得更加立体和动态。这样的舞台效果不仅为服装提供了完美的背景，而且为观众带来了沉浸式的观赏体验。音响效果在这一时期也得到了空前的重视。高科技音响设备的引入，使服装展示时的音乐更加立体和震撼。而音乐的选择也更加多样，从传统的古典乐到现代的流行乐，甚至是世界各地的民族音乐，都可以成为服装表演的伴奏。

化妆和造型是服装表演的重要组成部分，进入 21 世纪后，它们也经历了一次巨大的变革。传统的化妆手法被新的技术和材料所替代，从而创造出前所未有的效果。同时，化妆师和造型师也开始尝试将不同文化的元素融入造型中，使模特的造型更加多元和国际化。进入 21 世纪的服装表演开始更加关注社会议题和文化多样性。设计师们不再满足于仅仅展示美丽的服装，而是希望通过服装传达出一种价值观和态度。这使得服装表演不仅是一种艺术，更是一种文化和社会的传播手段。

二、我国服装表演艺术的发展

随着我国经济的快速发展和国际化的进程，我国的服装产业也得到了巨大的发展和进步。与此同时，我国的服装表演行业也经历了从无到有、从小到大的发展历程。

（一）我国早期的服装表演

服装表演在我国的起源可以追溯至纺织工业兴盛的近代上海。上海，作为一个国际化大都市，以其独特的文化、经济和历史背景，成为各种新潮思想和创新实践的孕育地。1918 年的服装表演就是这一创新实践的明证，也预示着我国现代消费文化的崛起。上海的纺织工业在 20 世纪初开始快速发展。这一时期，西方的工业文明与东方的传统文化交融，为各种新型商业模式的产生提供了有利的土壤。1918年，永安公司在其中央大厅搭建了一个舞台，举办了一场别开生面的服装表演。这不仅仅是一次对于时尚的展示，更是一种全新的商品推广策略。与传统的销售方式相比，这种表演性的商品展示直观、生动，能够更好地吸引顾客的注意，刺激其购买欲望。此次服装表演的成功举办，在某种程度上可以看作现代市场营销策略在我国的初步尝试。通过这种方式，永安公司不仅成功地扩大了商品的销量，也为之后的商家提供了有力的示范。它证明了通过合理、有创意的方式展示商品，能够有效地吸引消费者，促进销售。这不仅为上海的商业界带来了新的启示，也为整个我国的市场营销发展指明了方向。

1930年的上海，作为国际都市，经历了一系列独特的服饰文化活动。特别是在当年，两大重要的服饰展示活动分别由上海先施公司与美亚织绸厂发起，均是为了推广商品而设，同时也展示了当时的时装文化趋势。上海先施公司的"时装表演大会"展示了其对于中西文化交融的敏锐觉察。将中西名媛作为模特，无疑是为了突出服饰在各种文化背景下的通用性，展现其时尚的"普世价值"。这样的策略不仅有助于吸引更广泛的消费者群体，同时也将先施公司定位为了解全球时尚趋势的先锋。而美亚织绸厂的"国货时装表演"则显得更具深意。由刚从美国留学归来的总经理蔡声白先生亲自策划，这一展示旨在强调国货的品质与美学。在当时的背景下，外国品牌和商品往往被视为高品质的代表。然而，通过此次展示，美亚织绸厂试图挑战这一观念，宣扬国货的独特魅力和高端品质。

此后，国内各种时装表演的盛行，标志着我国时装文化的崭新起点。由我国设计师亲自设计制作的服装在这些表演中频频亮相，彰显了国内设计师的创意和匠心。这不仅展现了我国传统文化与现代审美的结合，还展现了当时的社会背景与时尚趋势如何相互影响。同时，我国的设计师、服装商和丝绸商纷纷在饭店、时装店和百货公司举办时装表演，这些场合的选择，都是为了与当时的社交、商业和文化环境紧密结合，更好地推广和展示其设计理念。与此同时，上海的一些著名游乐场，成为欧美模特展示时装的重要舞台。这些模特带来的标准的欧美式时装表演，为我国观众呈现了一个与众不同的时尚世界。这不仅仅是一个单纯的文化交流，更是一次对时尚审美和展示技巧的学习。值得注意的是，这些展示不限于女装，男装的展示也受到了同样的关注，这体现了当时对于男性时尚的重视和期待。这些高水平的欧美式时装表演，无疑为我国的时装流行文化注入了新的活力，推动了我国时装文化的发展。同时，国内的时装表演也因此受到了启发和鼓舞，纷纷借鉴并吸取其中的经验和技巧，进一步丰富和完善自己的展示形式。

（二）我国现代的服装表演

1979 年春，法国著名服装设计大师皮尔·卡丹（Pierre Cardin）应邀到我国的北京和上海举行了规模盛大的服装表演。[①] 这次表演成了一个里程碑，标志着中国开始与国际时尚界接轨，向全球展示其独特的时尚魅力。在北京和上海的两个重要场地，皮尔·卡丹和他的团队带来了精心策划的服装秀。他们从法国带来了最新的时装设计，同时融入了中国元素，创造了独特的时尚风格。这场表演云集了来自世界各地的名模，他们穿着皮尔·卡丹设计的华美服装，在舞台上展示着最新的时尚趋势。这场表演引起了巨大的轰动。不仅吸引了成千上万的观众到场观看，也在全球时尚界引起了广泛的关注。各大国际媒体纷纷报道这场具有历史意义的服装表演，称其为"东方时尚的觉醒"。皮尔·卡丹的这次访华演出，对我国时尚产业的发展产生了深远的影响。他的设计和创新理念激发了一代我国设计师的创作灵感，推动了我国时尚产业的进步。同时，这次表演也向世界展示了我国的文化底蕴和时尚魅力，为我国走向国际时尚舞台开启了新的篇章。

1980 年，我国成立了第一个专业的服装表演团队——上海市服装公司时装表演队。这支队伍的成立，标志着我国的服装表演行业的初步发展。首批 19 名队员，其中 12 人是女性，7 人是男性，这些模特便成为我国第一批专业的时装模特，当时他们的定位是"时装演员"。这些模特在我国时尚产业的发展中起到了重要的作用。他们通过专业的训练和不断的实践，掌握了模特的基本技能和表演技巧，能够更好地展示各种款式的服装。他们的出现，不仅使服装产业得到了更大的发展，也使我国的时尚产业得到了广泛认可。

---

① 张振华 . 浅谈服装表演的发展前景与方向 [J]. 南风，2014（21）：125.

1981 年 11 月，皮尔·卡丹时装发布会在中国再次成功举行，地点选在北京饭店西楼大厅。这次演出除了两名外国模特是皮尔·卡丹带来的，其余的十几名男、女模特都是我国本土的模特。这次表演是我国历史上第一次公开的国际性服装表演，具有重大的历史意义。

1983 年 4 月，上海市服装公司时装表演队在北京农展馆影剧院的五省市服装鞋帽展销会中获得了广泛关注，这一事件的影响进一步扩大，是因为中央电视台对此进行了广泛的播报。令人瞩目的是，在同年 5 月 13 日，该表演队在怀仁堂应中南海之邀进行了展示，这不仅彰显了时装表演在我国的受重视程度，而且标志着中央领导对时尚产业的肯定。

随后的几年，我国的服装表演继续扩大其国际影响。1987 年 6 月，中国服装表演队和上海服装公司代表队在首届香港成衣博览会中取得了显著成功，此次参与不仅仅在本地产生了广泛的关注，更在同年 9 月促使中国服装表演队受邀参与巴黎的第二届国际时装节。仅仅一年后，即 1988 年，中国服装表演队就迈出了赴美国演出的关键一步。然而，真正标志着我国服装表演业与国际接轨的是 1992 年 12 月 8 日"新丝路模特经纪公司"的成立，此公司起源于"新丝路时装艺术表演团"，成为我国首家服装模特代理机构。该公司的诞生代表了我国服装表演业的合法化，同时也意味着它正式进入国际时尚界。

第二节　服装审美与服装表演艺术

一、服装表演艺术的形式美要素与原则

在艺术的范畴中，特别是在服装表演艺术领域，形式美成为至关重要的元素。它不仅仅是对外在的审美呈现，更是内在情感、价值和文化的外显形式。

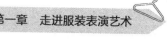

（一）服装表演艺术的形式美要素

1.统一与变化

服装表演艺术，作为一个综合性的艺术形式，往往是在多种视觉元素间寻找和谐与均衡的展现。在这一过程中，统一与变化成为确保形式美达到最佳效果的关键要素。它们并不是相互排斥的概念，而是相辅相成的，共同构建了服装表演中的完美呈现。

统一，是指在服装表演艺术中确保整体的和谐与一致性。这个一致性并不仅仅是外观的统一，还涉及深层的文化、主题和情感表达。服装、灯光、音乐、背景等多种元素必须在同一个艺术语境下融为一体，共同传达一个清晰而连贯的信息。例如，服装的线条、色彩与质地需要与背景和灯光相互呼应，以确保观众在观赏时得到一个统一且和谐的艺术体验。然而，过分强调统一可能会导致表演呈现单调和重复的感觉。这也是变化这一要素在服装表演艺术中的重要性所在。变化不仅仅是在统一的基础上加入一些新的元素，更是在确保整体一致性的前提下，引入一些出其不意的设计或技巧，使表演呈现新鲜感和活力。例如，一个基于古典主题的服装表演中，适当地融入一些现代元素，如现代音乐、当代流行的服饰细节等，可以使整体的表演更具有时代感，同时也为观众带来惊喜。

正是统一与变化这两个要素的有机结合，确保了服装表演艺术既能传达一个清晰连贯的主题，又能保持足够的新鲜感和创意。它们为设计师和艺术家提供了一种平衡，让他们可以在确保整体和谐的同时，也有足够的空间进行创新和尝试。

2.对称与平衡

在探究服装表演艺术中的形式美要素时，对称和平衡作为两个关键的视觉原则，都在其中扮演重要的角色。对称，是指左右或上下在形式和内容上的一致性。而平衡则与力的原理相关，即在视觉表达中，不同的元素以某种方式组合，从而在观感上达到和谐与稳定的状态。

对称在服装表演艺术中经常被用作一种引导观众注意力的手段。当服装在模特身上展示时，如果设计上呈现了明显对称，观众的目光会更容易在服装上流连，因为对称为人类的大脑带来了一种自然的舒适感。这种对称不仅仅局限于整体的造型设计，它同样可以在细节上如图案、装饰或刺绣中得到体现。例如，传统的中华服饰如旗袍，其对称的开衩、纽扣和领子设计都彰显了对称美学的精髓。平衡在服装表演艺术中则呈现为一种更为微妙的原则，它涉及多个元素，如颜色、质地、形状和大小之间的和谐组合。一个平衡的服装设计可以为观众带来视觉的愉悦，因为所有的元素都以一种和谐的方式互相配合，没有任何一处显得过多或过少。这种平衡并不一定意味着所有元素是均等的；相反，它更多的是关于如何巧妙地调和差异，使整体效果达到和谐。

在实际的服装表演中，对称和平衡之间的关系可以相互促进，也可以相互制约。有时候，为了达到强烈的视觉效果，设计师可能会打破对称原则，通过不对称来制造视觉焦点，进而强调某一部分的设计。但即便在这样的不对称设计中，平衡仍然是关键。无论是通过颜色、材质或其他设计元素，这种平衡保证了即便在对称被打破的情境下，服装仍旧能够在视觉上保持一种稳定、和谐。

3. 比例与匀称

在服装表演艺术中，比例与匀称的要素始终贯穿整个设计和展示过程中，它们对于塑造视觉美感及传递深层次的艺术信息至关重要。在这里，比例和匀称并不仅仅局限于服装本身，它们还与模特的身材、走秀的步态以及灯光、背景和音乐的整体呈现紧密相连，构建了一个完整的表演艺术体系。

比例，我们可以理解为各个元素之间的相对关系。在服装设计中，这种关系可能表现为服装的长度、宽度、裙摆的蓬度或是领口的深浅。良好的比例可以增强视觉的和谐感，使观众在短时间内捕获到设计师想要传达的美学理念。与此同时，模特的身体比例也是服装表演艺术中不可或缺的要素，一个合适的模特可以更好地展现服装的特点，使其与模特形成一种和谐的统一，使整体效果更为出色。匀称，则更多地体现在整体布局和细节处理上。在服装表演艺术中，匀称可能表现为一个完美的对称或是经过精心设计的非对称。无论是哪种形式的匀称，其背后都是为了达到一种平衡，使整体表演更加稳定且吸引人。此外，匀称还可以体现在颜色、材质

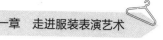

和装饰上，如何在这些元素中找到匀称，是每一位设计师和表演者都需要思考的问题。

4.对比与调和

对比是指不同元素之间的差异和对比，这能突出个性、增强视觉效果。在服装表演中，可以通过服装的颜色、款式、材质等方面进行对比。例如，可以在同一舞台上展示不同的颜色、不同的材质等，通过对比来突出服装的特点和风格。而调和是在对比的基础上寻求共同点，使不同的元素能够和谐共处。在服装表演中，调和可以通过音乐、舞台设计等方面来实现。例如，可以在同一舞台上使用相似的颜色、相同的材质等，使不同的服装和谐共处，形成一种统一的整体效果。

对比与调和是相对的概念，它们在服装表演艺术中相辅相成。适度的对比可以增强视觉效果，使表演更具生动性和趣味性，而调和可以使不同的元素和谐共处，形成一个统一的整体效果。通过合理运用对比与调和，可以创造出更加丰富多样而富有艺术感染力的服装表演作品。

（二）服装表演艺术的形式美原则

1.整体性原则

服装表演艺术，作为一种多元化的视觉表现形式，涵盖了从服装设计到模特表演，再到舞台布景和灯光效果的多个环节。在这一系列的展示中，整体性原则显得尤为关键，它确保了多个环节能够有机地结合，呈现出一个协调统一的艺术画面。

（1）主题的一致性。整个表演应该有一个明确的主题或风格，各个元素都要围绕这个主题或风格展开设计，以确保整体的一致性。

（2）色彩的协调性。服装、舞台设计、灯光等元素的色彩应该相互协调，形成一种整体的色彩效果。

（3）节奏的统一性。音乐和表演动作的节奏应该保持统一，使整个表演具有一种协调的节奏感。

（4）造型的和谐性。服装、舞台设计、模特的造型应该相互呼应，形成一种和谐的整体效果。

2.节奏性原则

服装表演艺术的成功与否并不仅仅依赖于服装的设计质量，还需要各个要素——如音乐、模特动作、舞台布局——达到和谐统一的状态。在这种综合表现中，"节奏性原则"成为确保表演生动性和吸引力的关键。

（1）音乐的节奏。选择适合服装主题或风格的背景音乐，并注意音乐节奏的变化和协调。音乐的节奏应该能够与表演的动作相配合，共同营造一种动态的视觉效果。

（2）表演动作的节奏。模特的表演动作应该与音乐的节奏相协调，使动作与音乐相互呼应。通过控制表演动作的节奏，可以表现出服装的韵律感和动态美。

（3）舞台布局的节奏。舞台的布局也应该与音乐的节奏相呼应，通过舞台布置、灯光等元素的配合，营造出一种动态的视觉效果。

3.均衡性原则

无论是在模特的排列、服装的搭配上，还是舞台布局的设计上，都需要充分考虑各部分之间的关系，确保整体的和谐统一。通过均衡性原则的恰当运用，服装表演艺术能够为观众提供一个既美观又富有情感的审美体验。

（1）模特的排列。应该均匀分布，避免出现一侧偏重或密集的情况，可以通过对称或非对称的排列方式来实现均衡的效果。

（2）服装的搭配。应该注意上下装、内外搭配的均衡。可以通过色彩、材质、造型等方面的呼应和对比来实现均衡的效果。

（3）舞台布局的设计。应该注意舞台上下、左右之间的平衡。可以通过舞台布置、灯光等元素的配合来营造出一种平衡的效果。

4.变化性原则

变化性原则，作为服装表演艺术中的核心思想，强调了动态的变化和发展在增强艺术效果中的关键性。在形式美的构建中，变化性原则对于确保表演的活力和吸引力至关重要。此原则揭示了一种深刻的审美哲学，即通过变化来增强美的体验，使之充满魅力。

（1）表演的流程设计。应该有一定的变化和起伏，避免平铺直叙。可

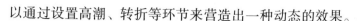

以通过设置高潮、转折等环节来营造出一种动态的效果。

（2）服装的变化。可以增强表演的动态感，可以通过服装的款式、颜色、材质等方面的变化来营造出一种变化的效果。

（3）模特的表演动作。应该有一定的变化和起伏，避免重复单调。可以通过模特的步伐、肢体语言等方面的变化来营造出一种动态的效果。

二、服装表演艺术中审美的价值体现与美学表现

服装表演艺术不仅仅是时尚的展示，更是一种审美的体现与美学的表达。服装是文化、情感和艺术的载体，而表演艺术为服装赋予了生命和情感，使其从单纯的实用物品转变为艺术品。

（一）服装表演艺术中审美的价值体现

1.服装表演艺术的审美价值主体和客体

服装表演艺术的审美价值涉及两个关键要素：主体与客体。这两者之间的互动和交流，构建了服装表演这一艺术形式的独特魅力和价值。

主体通常是指导致艺术形式存在的创作者、设计师、模特及其他参与者。他们通过自己的创造力、技巧和情感，赋予了服装生命，使其从平常的日常用品转变为一件能够表达特定情感、文化和意义的艺术品。设计师的灵感和技巧，决定了服装的款式、色彩和面料，而模特则通过走秀和表演，为这些设计赋予了动态和情感。这种创意的碰撞和交融，使每一场服装表演都成为一个充满创新和惊喜的艺术展示。客体则主要是指服装表演所展示的衣物以及观众。服装，作为客体，是设计师创意和模特表演的载体，是他们将情感、意念和文化传达给观众的工具。而观众，作为另一个客体，他们的反应、情感和评价，都会反过来影响服装表演艺术的价值和意义。观众的眼睛和心灵，成为评判这一艺术形式价值的关键，他们的接受程度、喜好和情感反馈，直接决定了服装艺术的市场和文化价值。

在服装表演艺术中，主体和客体并不是孤立存在的，两者之间的互动、对话和交流，构建了一个充满生命力和活力的审美空间。设计师、模特和观众，三者之间的关系，就如同一个闭合的环，每一方都在这个环中扮演着不可或缺的角色。设计师的创意，需要模特来完美呈现，而模特的

表演，又需要观众的欣赏和接受。这种复杂的关系网，使服装表演艺术成为一个既富有创意又充满活力的艺术形式。每一场表演，都是主体与客体之间的一次深情对话，是他们共同创造的艺术篇章。这种对话和交流，不仅仅是关于美的追求，更是关于情感、文化和价值的探讨。它使得服装表演艺术不仅仅是一个视觉的盛宴，更是一个充满思考和灵魂的艺术体验。

2.服装表演艺术的审美价值

服装表演艺术，作为一个综合性的艺术形式，汇集了多种元素和价值。其审美价值主要表现在大众性、娱乐性和时尚性等方面，这些都与时代背景、文化内涵和市场需求密切相关。

（1）大众性。服装表演艺术从文化传播和艺术发展的角度持续地呈现出其大众性的审美。这种审美随着社会的发展进步而逐渐成为主流。比较其他的艺术形式，服装表演艺术在审美的大众性方面有显著的特点。其核心意图正是利用服装的展示，引领大众时尚审美，影响和激发大众消费的趋势和动向。

从服装表演活动的多个维度，如主题选择、模特的形体表达、艺术的活动形式、演出场地所使用的道具等方面，充分展现了这种大众性。它们往往都以自然、真实并且贴近大众日常生活的方式来呈现。这种近距离、真实的体验，使得大众能够轻易地在其中找到自己审美需求的投影。通过服装表演艺术，大众的审美水平、着装品位以及对时尚的态度和观念都能得到明显的体现和映照。另外，大众的个性意识同样在服装表演艺术中得到了重视和反映。在现代社会中，个性表达、追求差异化成为越来越多人的追求。服装表演艺术不再仅仅是单一的、固定的形式，它需要将大众的个性和特色纳入其中，为其提供一个展示和表达的平台。这种融入不仅仅是表面的，更是深入大众的心灵深处，满足他们对于审美、对于时尚的内在需求。因此，服装表演艺术不仅仅是一个外在的表现，更是一个内心的回应，它成功地把握和满足了大众的精神和心理需求。为此，可以说，服装表演艺术在满足大众审美需求的同时，成功地迎合了大众的审美标准。这种迎合并不是盲目的、过度的，而是基于对大众深入了解，真正地为大众提供了一个贴合其审美和需求的艺术平台。这种与大众的互动和交流，使得服装表演艺术在当代社会中具有了无可替代的地位和价值。

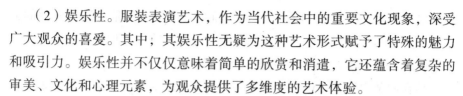

（2）娱乐性。服装表演艺术，作为当代社会中的重要文化现象，深受广大观众的喜爱。其中，其娱乐性无疑为这种艺术形式赋予了特殊的魅力和吸引力。娱乐性并不仅仅意味着简单的欣赏和消遣，它还蕴含着复杂的审美、文化和心理元素，为观众提供了多维度的艺术体验。

在服装表演中，娱乐性很大程度上得益于服装设计师、模特、舞台灯光师和音乐家等多方面的专业人士的共同努力。他们不仅仅是在展示一个个孤立的衣物，而是构建了一个完整的、富有戏剧性的视听盛宴。从设计师对色彩、面料和款式的巧妙运用，到模特对服装的完美展现，再到舞台效果和音乐的精心搭配，每一个环节都为观众带来了视觉、听觉和情感上的愉悦。而从观众的角度看，娱乐性不仅仅满足了他们的审美需求，也满足了他们的心理和情感需求。现代社会的快节奏生活，使得人们处于持续的压力和疲惫之中。服装表演艺术，作为一种艺术形式，提供了一个为观众放松心情、释放情感的平台。观众在欣赏服装表演的过程中，不仅仅被美的形式所吸引，更是被其中蕴含的情感和故事所打动。此外，服装表演艺术的娱乐性也体现在其与时代、文化和市场的紧密关联。随着社会的发展和文化的变迁，观众的审美观念和需求也在不断地发生变化。服装表演艺术，作为一个与时俱进的艺术形式，不仅仅是对传统文化的传承，更是对现代文化的创新和探索。它既有历史的厚重感，也有现代的时尚感，为观众提供了一个既有传统韵味又充满现代气息的艺术体验。

（3）时尚性。时尚性不仅是服装设计的前沿趋势，也是文化、社会和经济背景下的产物，为服装表演艺术赋予了独特的审美意义。

时尚性在服装表演艺术中表现为对当下流行文化的反映和引领。每一季的服装发布都汇集了全球的设计灵感，反映了当下社会的审美趋势。这种趋势不是孤立产生的，而是在不同的文化、地域和历史背景下逐渐形成的。服装设计师与此同时也成了时代的记录者，他们通过作品对社会变迁、文化碰撞和生活态度进行深入的探讨和表达。而在模特的 T 台展示中，时尚性的审美价值进一步得到强化。模特的走秀不仅仅是衣物的展示，更是一种时尚观念的传达。他们通过身体语言、姿态和表情，完美地解读了设计师的创意和时尚趋势，为观众提供了一种全新的视觉体验。此外，时尚性也体现在服装表演艺术对未来趋势的预见性。每一次的设计都在尝试对未来的审美和社会变迁做出预测。这不仅仅是对流行元素的追求，更是对未来文化和生活方式的思考。这种前瞻性，使得服装表演艺术不仅仅是一个视觉的盛宴，更是一个充满思考和创新的艺术平台。同时，时尚性在服装表演艺术中也代表了一种与众不同的审美追求。每一季的新设计都在挑战传统的审美界限，试图为观众带来前所未有的艺术享受。这种对新鲜和独特的追求，不仅仅是为了市场的需求，更是为了艺术的创新和发展。

（二）服装表演艺术中审美的美学表现

服装表演艺术，以其独特的形式，为观众提供了一种多感官的审美体验。它不仅仅是通过色彩、形状和材料来展现衣物的美感，还通过综合的艺术表现手法，如音乐、灯光、舞蹈和表演，引导观众深入体验其中的和谐之美。

1.服装表演艺术的视觉和谐美

服装表演艺术的视觉和谐美，是多个审美层面的融合和互动。这种融合和互动，不仅仅是对服装本身的补充和扩展，更是对观众情感和审美的全方位满足。在其中，不仅仅有模特自身的形体美感和个性塑造，更有舞台上的灯光、背景、美术和道具等元素的完美结合。这种综合性的美感，为观众提供了一个既丰富又和谐的审美体验。

模特在舞台上的表现，无疑是服装表演艺术的核心。他们通过走秀、动作和表情，将服装的特点和设计师的创意完美呈现。而这种呈现，不仅仅靠模特自身的形体和技巧，更依赖于舞台上其他元素的协同作用。灯光、背景、美术和道具，都是为了更好地突出服装的特点和风格，使其在模特的身上得以完美展现。在服装表演艺术中，舞台的背景往往与服装的设计风格和主题密切相关。它不仅为服装提供了一个合适的展示空间，也为观众提供了一种浸入式的审美体验。绚丽多变的灯光效果，能够凸显服装的质感、颜色和细节，使其在舞台上夺目。而道具和美术，为服装提供了一个文化和历史的背景，使其具有故事性和情感深度。

这种综合性的视觉美感，不仅仅是简单地将各种元素堆砌在一起，更是经过精心设计和策划，使其成为一个有机的整体。在这个整体中，每一

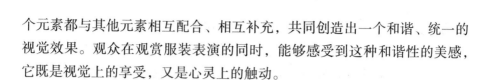

个元素都与其他元素相互配合、相互补充，共同创造出一个和谐、统一的视觉效果。观众在观赏服装表演的同时，能够感受到这种和谐性的美感，它既是视觉上的享受，又是心灵上的触动。

2.服装表演艺术的听觉和谐美

服装表演艺术不仅仅依赖视觉元素来构建其独特魅力，而是结合多种感官体验来达到审美的巅峰。听觉和谐美，特别是通过音乐的深度和广度，为这一综合艺术形式添加了无与伦比的维度。

音乐，这种富有节奏、调式、和声和复调的艺术形态，已经成为人类文化情感表达的主要渠道。它描绘了社会的现实生活，捕捉到了人类最深层次的情感和情感。在服装表演艺术中，音乐的功能远超单纯的背景音乐，它为观众营造了一个想象的空间，使其沉浸于整个表演之中。音乐的表现力、想象力和意境感，都成为引导观众进入这个艺术世界的桥梁，为他们提供了一个解读和欣赏服装艺术的独特路径。音乐的节奏和旋律与模特的动态展现相结合，强化了服装表演的动态韵律。这不仅仅是一个简单的视觉表演，而是一个真正的感官体验，其中听觉和视觉相互融合，共同创造了一个完美的和谐。每一个音符、每一个和声、每一个旋律，都与模特的每一个动作、每一个转身、每一次走秀相呼应，共同构建了一个充满动感和生命力的艺术画面。在这样的艺术环境中，模特能够全身心地投入，将他们对服装美学的理解无缝地传递给观众。音乐不仅仅为他们提供了节奏和背景，更为他们提供了一个表达和沟通的平台。通过这种方式，观众可以直观地理解与欣赏设计师的创意、模特的表演技巧和整个服装表演艺术的真正价值。

3.服装表演艺术的审美想象和谐美

服装表演艺术，作为一个多元化的审美领域，不断挑战与扩展人们的感知界限。其中，审美想象和谐美在这一艺术中占据了核心地位，这两者与人们对美的理解、体验和感知密切相关。

服装表演艺术融合了舞台美术、音乐、模特表演等多种艺术形式，创造出一种独特的审美体验。这种体验是建立在创新性基础上的，它要求表演者、设计师和观众借助自己的记忆材料，通过想象力去超越现实，形成新的审美认知。这种认知不仅仅是关于外在的形式和色彩，更是关于内在的情感和意义。在时装新品发布会或服装流行趋势发布会等场合，舞台美术、音乐和模特表演都发挥了关键作用。这些元素不仅仅是为了展示新的设计和趋势，更是为了创造一个充满想象力和创意的审美空间。这个空间能够引导观众进入一个新的审美世界，让他们体验到与众不同的美感。在这个过程中，设计师的设计理念和思想意图，与观众的感受和期望产生了深度的交融。这种交融是双向的，既包括设计师对观众的影响，也包括观众对设计师的反馈。通过这种交融，服装表演艺术实现了形象美感与审美想象的和谐统一。这种统一不仅仅是关于外在的形式和技巧，更是关于内在的情感和意义。审美想象和谐美在服装表演艺术中不仅仅是这一艺术形式的核心价值，更是其存在和发展的动力。在当今这个快速变化的时代，人们对美的追求和理解也在不断地演变。而服装表演艺术，正是在这样的背景下，为人们提供了一个探索和体验美的新领域。

第三节　服装表演概述

一、服装与服装表演

服装与服装表演之间存在着紧密的联系。通过展示与传播时尚信息和文化内涵，服装表演促进了时装产业和经济的发展，同时也提高了人们对时尚的认知和审美水平。

（一）服装的概念及特征

1.服装的概念

服装，通常是指一切可以穿着在人体上的物品，如衣、裤、裙等。从最原始的功能来说，一般认为，服装起初是为了满足人类遮挡身体、抵御外界环境因素（如寒冷、风雨、强烈阳光等）的需求。随着时间的推移，人类社会的发展和文明的进步，服装不仅仅具有这些基本功能，更成为表达个性、显示身份、宣扬文化、追求审美的一种方式。[①]

　　服装是文化、地域、历史、身份和个人品位的重要体现。在历史的长河中，服装变迁反映了技术进步、文化交流和社会变革。不同的文化和时代有其独特的服装风格，通过它们可以洞察当时社会的审美、价值观和日常生活。此外，服装也是个体自我表达和身份认同的重要工具。人们通过不同的着装风格表达自己的性格、情感、信仰和社会地位。例如，某些职业或宗教团体的成员可能会穿着特定的服装以展示他们的归属和身份。

　　在现代社会中，服装已经成为一个巨大的产业。随着时尚业的崛起，服装不仅是日常需求，更是流行趋势和生活方式的标志。设计师不断推陈出新，为人们提供了无尽的选择和风格，而人们通过选择不同的服装来构建和展示自己的个人形象。

　　2.服装的特征

　　（1）实用性。在人类社会的早期阶段，衣物基本的功能是保暖和避免身体受伤。远古的猎人和采集者需要衣物来保护自己不被严寒或炎热伤害，以及避免荆棘、虫咬和其他外部因素的威胁。随着文明的发展，服装不仅仅是作为一种防护手段，还成为区分身份、职业或社会地位的标志。例如，军人和警察需要特定的制服来表示他们的职业身份。而医生和护士的工作服则是为了维持卫生，同时也是为了容易识别。这都体现了服装在特定环境和场合中的实用性。另外，对于某些体育活动或户外活动，特定的服装设计也是至关重要的。例如，潜水员需要潜水服来保持体温；登山者则需要风雨衣来抵御恶劣气候。这种情况下的服装设计强调的是其功能性，确保穿着者在特定的环境下能够更好地完成任务。在现代社会，服装的实用性也与科技和创新紧密相连。新型材料和技术，如防水透气材料、抗菌面料和智能织物，使得服装更加适应各种环境和需求。而这些都是基于实用性这一核心特征去考虑和发展的。

　　（2）装饰性。服装的装饰性不仅仅是视觉上的美感，更是文化、历史、个性和情感的综合体现。从古至今，无论是东方还是西方的文化，衣服都不仅仅被视为遮体之物，更是个人表达、审美追求和文化象征的载

---

　　① 温卫娟.行业物流管理研究[M].北京：中国财富出版社，2018：101.

体。在古代，服装的装饰性往往与权力、地位和财富相联系。例如，贵族和皇家成员会穿着精美的衣物，配以珍贵的宝石和细致的刺绣，以展示他们的尊贵身份。在不同的文化中，复杂的图案、鲜艳的颜色和独特的设计都被用来区分社会阶层、宗教信仰或部族身份。进入现代，随着时尚工业的崛起，装饰性开始与个性、创意和艺术感紧密相连。设计师们不断创新，使用各种材料和技术来打造独特的风格。这种风格不再仅仅是社会地位的标志，更多的是个人风格和审美取向的体现。例如，朋克风格、波希米亚风格和极简风格等，都是对特定文化和哲学观念的表达。此外，随着全球化的进程，不同文化之间的交流变得越来越多，服装的装饰性也受到各种文化元素的影响。这种跨文化的交融使得服装设计更加多元化和国际化。

（3）民族性。服装的民族性是其深植于特定文化和历史背景中的特征。无论时代如何变迁，这种特征都是服装中不可或缺的一部分。每个民族或文化群体都有其独特的服饰，这些服饰往往反映了该民族的历史、生活方式、审美观念。考虑到各地的自然环境差异，不同的气候和地形对当地居民的生活习惯和需求产生了深远的影响。例如，藏族的袍子被设计得足够厚重，以抵御寒冷的高原气候，而非洲的马赛人选择轻薄的布料，以适应炎热的气候。

民族性在现代社会仍然保持其重要性。在全球化的背景下，人们更加珍视自己的文化传统和身份，服装成为展示和维护这些传统的重要工具。在各种文化节、庆典或重要活动中，人们往往选择穿着具有民族特色的服装，以此表达对自己传统的尊重和骄傲。

（4）社会性。服装的社会性是其与社会结构、角色和价值观紧密关联的特征。它作为一种语言，传达了人们在社会中的位置、身份以及所属的群体。在许多文化中，服装往往是用来标识某人的社会地位和职业的。例如，法官、律师、医生和军人都有他们特定的服饰，这些服饰不仅表示他们的职业身份，还象征了他们在社会中所享有的权威和尊重。同样，特定的品牌和款式的服饰可能在某些社会圈子中被视为地位的象征，表示经济实力或文化修养。服装也是性别、年龄和婚姻状况的标志。在传统社会中，未婚和已婚的女性可能会有不同的着装习惯。而在某些文化中，人进入成年后，个体的服装选择会发生显著的变化，以符合他们的新角色和责任。与此同时，服装在各种社交场合中也发挥了重要的作用。在正式场合，如婚礼、葬礼或官方活动中，人们往往选择更为正式的服装，以表示对这些场合的尊重。而在日常生活或休闲活动中，人们则更倾向于选择舒适和自己风格的服饰。

（二）服装的分类

服装的分类可以根据不同的标准和方法进行划分，以下是常见的几种分类方式。

1.按用途分类

按用途可分为内衣和外衣两大类。内衣，通常作为与身体最接近的衣物层，对人体起到很多重要的作用。这类衣物常用材料柔软、吸湿，如棉、竹纤维和柔软的合成纤维，以确保舒适度和保护皮肤不受损害。内衣不仅局限于基础的背心和内裤，还包括文胸、塑身衣、背心和打底裤等。它们既确保衣物外观更为完美，又可以起到调整身材的作用，以符合现代审美或特定需求。

外衣则更为多样化，其设计和材料的选择往往与所在场合、气候条件和文化因素相互关联，可分为正装、休闲装、运动装、舞台装、校服等。正装，往往代表着正式、严肃和专业的场合。如西装、礼服和长裙等，它们在商务会议、正式晚宴或其他重要活动中具有不可替代的地位。这些服装往往采用优质材料，并注重细节的处理和剪裁，从而展现穿着者的尊重和专业态度。休闲装更注重舒适度和实用性，适合日常生活和轻松的场合。如T恤、牛仔裤和简单的裙子，这类服饰在材料、颜色和设计上都更为自由，让人们可以根据自己的喜好和需要进行选择。运动装则为特定的运动活动或锻炼而设计，如跑鞋、运动裤和运动上衣。这些衣物注重材料的透气性、弹性和耐磨性，以确保运动时的舒适度和安全性。舞台装为舞台表演、电影或电视剧而设计，旨在创造或强调特定的角色和情境。从华丽的歌剧服饰到特定时代的复古服，这类服装通常具有强烈的视觉效果和艺术性。校服则是学校为学生设计的统一着装，它代表了学校的形象和文化，也帮助学校创造了团结和一致性的学习环境。

2.按服装面料与制作工艺分类

服装面料与制作工艺是对服装进行分类的重要标准。各种面料和工艺都赋予服装独特的质感、外观和功能。按服装面料与制作工艺可分为中式服装、西式服装、刺绣服装、呢绒服装、闹米、丝绸服装、棉布服装、毛皮服装、针织服装、羽绒服装等。

中式服装通常是指中国传统的服装样式，如旗袍、汉服等。这些服装往往使用丝绸、绸缎等材料，并配以复杂的工艺，如缎面刺绣或云肩。西式服装，常用于正式场合，如办公或晚宴，材料多样，如棉、涤纶、羊毛等，其裁剪和板型更注重身体曲线。刺绣服装特点是其精美的图案，通常是通过手工或机器在面料上绣出。无论是中国的苏绣、广绣，还是印度的珠绣，都展现了各自文化的精湛技艺。呢绒服装以羊毛为主要材料，经过特殊工艺处理，具有优良的保暖性，多用于冬季外套或大衣。闹米是一种传统工艺，通常用于制作粗犷、质感强烈的衣物，常被应用在民族服饰中。丝绸服装因其材料柔滑、光泽度高而受到喜爱，常用于制作高级旗袍、晚礼服等，华丽又优雅。棉布服装以棉为主要材料，透气性好，适合日常穿着，如T恤、裙子和裤子。毛皮服装主要由动物皮毛（现多采用人造皮毛）制成，具有极好的保暖效果。它们不仅是冬季防寒的选择，也是身份与奢华的象征。针织服装是通过编织纱线制成的，如毛衣、围巾和帽子，其特点是弹性好、舒适度高。羽绒服装内部填充鸭绒或鹅绒，以达到保暖效果，适合严寒天气，既轻便又温暖。

3.按性别年龄分类

服装按性别和年龄分类是一种广泛接受的分类方式，包括男装、女装、童装等。这种分类方式主要考虑了人们的生理差异、社会期望以及特定年龄段的需求。

男装，传统上，是为男性设计的服装，常常具有较为简约、直线和功能性的特点。从职业到休闲，男装涵盖多种风格，如正装、休闲装、运动装等。男装中的正装，如西装、衬衫和领带，通常与商务和正式场合相联系，而T恤、牛仔裤和运动鞋彰显日常和休闲。女装，相较男装，通常具有更多的样式、颜色和设计。这是因为历史上，女性的服饰更多地被视为装饰和艺术的表达。从裙子到裤装，从高跟鞋到平底鞋，女装为女性提供了广泛的选择，以满足不同场合和风格的需求。此外，女装也更加注重细节和装饰，如蕾丝、珠片和褶皱。童装，为儿童设计的服装，特点是可爱、活泼和色彩鲜艳。考虑到儿童的活跃性和成长速度，童装往往更为舒适和耐穿。同时，安全也是童装设计的重要因素，避免使用容易吞咽的小零件或可能导致伤害的材料。随着社会的进步和家长的审美变化，童装也逐渐摆脱传统的性别界限，越来越多的设计既适合男孩又适合女孩。

随着时代的发展，性别界限在服装设计中逐渐被打破。越来越多的品牌和设计师开始推出中性或不受性别限制的服装。这种变革不仅仅是时尚界的趋势，也反映了现代社会对性别认知和表达得更为开放和多元的态度。

4.按季节分类

按季节分类的服装是根据不同季节的气候特点和人们的生活需求来设计和选择的，包括夏季服装、冬季服装、春秋季服装等。

夏季服装的主要特点是轻薄、透气。在炎热的夏天，人们追求的是凉爽和舒适。因此，夏季服装往往选用如棉、麻这样的天然材料，这些材料可以帮助人们排汗并保持身体干燥。颜色方面，夏季服装常常采用浅色系，因为浅色能够反射阳光，避免吸热。冬季服装则注重保暖性。在寒冷的冬日，人们需要足够的保护来抵御低温。因此，冬季服装常常选用羊毛、羽绒、皮草等材料，这些材料有良好的保暖性质。此外，冬季服装的设计也往往更为贴身和封闭，以减少热量的流失。颜色上，冬季服装更多地采用深色系，因为深色可以吸收更多热量。春秋季服装则介于夏季和冬季之间。在这两个过渡季节，气候变化较为明显，早晚温差也可能较大。因此，春秋季服装往往设计得既可以适应温暖的天气，又能应对寒冷的早晚。材料的选择也更为多样，既有天然的棉、麻，又有保暖的羊毛或羽绒。此外，春秋季服装常常采用中性或是渐变色系，既可以反映季节的变化，也能满足不同的气候需求。

季节性的服装分类不仅仅是基于气候的需求，更与人们的生活方式、文化和审美观念紧密相关。无论在哪个季节，服装都是人们与环境互动、表达自我和感受生活的重要工具。

5.按服装样式分类

服装是文化、历史、社会和技术的综合体现，而按服装样式分类，则更为直观地展示了这些因素如何影响人们的日常穿着。不同的服装样式可以说是各种生活背景、审美观和需求的直接反映，为人们提供了丰富的选择，使其在不同的场合都能找到适合的服装来表达自己。按照服装样式可以分为中式服装、西式服装、休闲装、运动装、职业装等。

中式服装受到中国悠久的历史和文化传统的影响，体现了东方的审美观和风格。经典的中式服装如旗袍、汉服、唐装等，不仅在设计上强调服装的线条与身体的和谐，还在材料、色彩和纹样上展现了东方的细腻与典雅。西式服装，则受到西方工业化和现代化的影响，强调简洁、实用和直线设计。例如，西装、连衣裙、衬衫等，它们的设计更多地考虑了日常生活和商业活动的需要，适应了快节奏的都市生活。休闲装着重于舒适与自在。常见的如牛仔裤、T恤、短裤等，这类服装不受过多的场合和形式限制，使人们在休闲时刻能够放松身心，展现自己的个性。运动装则是为特定的体育活动和运动设计的，如运动鞋、运动衫、短裤等。它们考虑了材料的透气性、弹性和耐磨性，确保在进行运动时，人们可以保持舒适，同时提高运动表现。职业装是为特定职业或工作环境设计的服装，如医生的白大褂、警察的制服、飞行员的飞行服等。这类服装不仅要展现职业的形象和权威，还要满足工作中的实际需求，如耐脏、防水、抗静电等。

（三）服装表演的认识

1.服装表演的概念

服装表演是一种将设计师的服装创作以动态的形式展现给公众的艺术形式，它主要通过模特的身体、动作、表情及舞台的布局、灯光、音乐等综合手段，来展现服装的风格、特点与设计理念。

服装表演的核心是模特。模特穿着设计师的作品走上T台，通过特定的步伐、姿势和表情，将衣物的结构、布料、色彩和流线呈现给观众。这不仅仅是单纯地展示服装，更是一种将设计师的意图和情感和观众沟通的方式。此外，整个服装表演的氛围也非常关键。合适的灯光能够强调服装的细节和质感，恰当的音乐则可以营造出与服装风格相匹配的情感背景，使整场表演更加生动和具有感染力。服装表演常常是时装周、服装展示活动或大型服饰品牌发布会的重要部分。它是设计师与消费者、媒体和行业同人交流的桥梁，也是推动时尚趋势发展的重要推手。

简而言之，服装表演不仅仅是展示服装，更是一个多维度的艺术表达，旨在传达设计师的创意、情感和视觉美学，同时也为观众带来一场视觉和情感的盛宴。

2.服装表演的特征

（1）服装表演的综合性。服装表演涵盖了众多艺术元素和实用因素，从而为观众带来独特的视觉和情感体验。每一场精心策划的服装表演都是多项创意和技艺的汇聚，每个参与者都为这场视觉盛宴的成功付出了努力。

模特，作为服装的直接承载者，不仅要展示服装的外观和设计，还要传达设计师的情感和意图。他们的步态、姿势和表情都与服装相互呼应，确保服装在舞台上得到最佳的展示。而音乐则与模特的动作相结合，创造出与服装风格相匹配的氛围，引导观众的情感。舞美和灯光是服装表演中不可或缺的元素。舞台布置能够为服装提供一个完美的背景，而灯光的变化和布置则可以强调服装的细节，为整场表演增添光彩。发型和化妆也起到了画龙点睛作用，它们与服装相结合，完善了模特的整体形象，使其更加和谐。幕后——前后台的工作人员则是整场表演的支撑者。从策划、布置到服装的选择和调整，每个环节都需要他们的精心策划和执行。他们确保每场表演都能顺利进行，每个细节都达到了最佳的效果。

服装表演与纯艺术作品之间存有一定的差距，纯艺术作品是精神的产物，它们不追求物质特性和功利目的，而是追求精神的自由和表达。纯艺术通过文字、色彩、音响等传播手段来表达创作者的情感和思考，它们不受时间和空间的限制，更不需要与其他因素相结合来增强其效果。而服装表演则更为实际，它需要考虑到市场、消费者和时尚趋势等多个因素。虽然服装表演也是艺术的一种，但是它更为务实，它不仅要展示服装的美感和设计，还要满足观众的审美需求和市场的实际需求，但这并不意味着服装表演就失去了艺术性。它只是将艺术与实用性结合在一起，创造出了一种既有艺术价值又具有实用价值的表演形式。每一场成功的服装表演都是艺术与实用的完美结合，它们为观众带来了既视觉又情感的盛宴，同时也为时尚界和艺术界提供了无尽的灵感和创意。

（2）服装表演是一门体势语艺术。服装表演是一门将人体构造、动作和情感与服装设计完美结合的艺术。它不仅仅是对服装的展示，更是对人的价值和生命力的歌颂。通过这种独特的艺术表现形式，设计师和模特为观众带来了一场充满生命活力和情感的艺术盛宴。

人体的肌体线条、质感和气质为服装提供了一种展示和演绎的媒介。肌体线条的起伏和转折，反映了生命的韵律和力量，为服装提供了一个三维的展示空间。硬、软、弹性、柔和等不同的质感，与服装的材质和设计相互呼应，增强了表演的立体感和深度。而模特的气质和风度，将服装的色彩、线条、造型和质感与观众进行沟通的桥梁。通过这种沟通，观众不仅可以感受到服装的美，还可以深入理解设计师的创作意图和情感。服装表演的本质是通过人体的动态展示，来传达服装的艺术主题和基本精神。服装表演与其他造型艺术的不同之处，在于它的创作者、创作材料和创作作品都是模特及其身体。与绘画不同，其中创作主体是画家，创造手段是油彩与画布，作品是画面，服装表演是通过模特的身体来创造和展示艺术。这种创作方式更加直接、生动和具有感染力，因为它与观众之间没有任何障碍，可以直接触及观众的心灵。

（3）服装表演具有戏剧艺术特点。服装表演与戏剧艺术有着紧密的联系。模特在舞台上的展现，在很大程度上是对一个角色的诠释和展现，是将设计师的意图通过身体语言、表情和动作呈现出来。每当模特穿上一套新的服装，他们都面临一个新的角色挑战，需要在短时间内迅速切换，展现出与服装相匹配的气质和情感。如内向型的模特，当他们穿上艳丽的晚礼服，观众所期待看到的不只是那套服装本身，更多的是一个性感冷艳的形象，一种迥异于其日常性格的氛围。这就意味着模特需要有很强的角色扮演能力，能够迅速切换自己的角色，快速进入状态。

服装风格与戏剧中的角色规范有着相似之处。它们为扮演者设定了一个框架，但框架内的具体表现则需要依赖模特或演员自己的理解和演绎。在模特的世界里，适应性成为一项必备的技能。他们需要对各种不同的文化群体、不同的生活方式和情感有所了解。这种熟悉不是为了模仿，而是为了更好地理解和体验。与电影演员相比，模特在一场表演中需要展示的角色更为丰富。电影演员在一部作品中往往只有一个固定的角色，而模特则需要在短时间内切换多种角色，展现不同的气质和情感。正因为如此，模特在展示服装时，更多的是传达一种情感、一种氛围，而不是具体的人物形象。他们需要根据服装的风格和设计意图，快速地构建一个情感框架，使观众能够快速地理解并产生共鸣。

（4）服装表演具有商业性。服装表演不仅是一种艺术表达，它在本质上也是一种商业活动。每一次走秀、每一个场合的展示，背后都与市场需求、品牌推广和消费者紧密相关。这种商业性并不削减它的艺术价值，反而为其赋予了特定的方向和目的性。

在全球化的时代，时尚已经超越单纯的衣物选择，成为文化、身份和生活方式的象征。因此，当模特穿着设计师的作品走上 T 台时，他们所展示的不仅仅是一件衣物，更是一个品牌的形象、一个设计理念，甚至是一个文化趋势。为了确保这些信息能够有效地传达给目标受众，服装表演必须考虑到商业的因素。品牌在服装表演中寻求形象的塑造和提升。每一次的走秀都是为了突出其独特性、创新性和市场竞争力。通过精心策划的表演，品牌可以与消费者建立情感连接，加深其在市场中的认知度和影响力。此外，服装表演也是一个与潜在买家和合作伙伴建立联系的重要平台。大型的时装秀常常会吸引众多的买家、零售商、媒体和名人，这为品牌带来了巨大的商业机会。

（5）服装表演引领时尚审美潮流。时尚是一个永恒的话题，而服装表演则是推动时尚前行的重要力量。通过动态的展示，服装表演不仅展示了设计师的创意和技艺，还为观众提供了一个认识和追寻时尚的窗口。每一场服装展演，无疑都是对现有审美趋势的一次探索和确认，同时也预示着未来的时尚方向。当模特穿着最新的服装设计走上 T 台，他们所展示的不仅仅是一件衣物，更是一种生活态度、一种文化、一种情感。观众在欣赏服装的同时，也在无意识地接受一种新的审美观念。这种观念可能与现有的审美趋势相符，也可能颠覆之。无论如何，它都会对观众的审美观产生影响，进而影响整个社会的时尚潮流。

服装表演所呈现的，往往是设计师对当前文化、社会、科技等多方面因素的深入思考和创新尝试。其中包含对过去的回顾、对现在的观察以及对未来的设想。例如，当某种材质、颜色或设计元素在 T 台上频繁出现，那么这无疑预示着它将成为下一个时尚季度的流行趋势。同样，当某种设计风格或元素被多次模仿和复制，也说明它已经成为当下的主流审美。这种对时尚的引领和推动，并不是单向的。观众的反馈、媒体的报道，乃至市场的接受度，都会对服装表演产生反馈。设计师需要从中获取信息，不断调整和创新，以满足日益变化的市场需求和审美趋势。因此，可以说，服装表演是时尚产业与市场之间的一条重要纽带。另外，服装表演还为大众提供了一个与时尚接触和互动的机会。通过这种互动，大众不仅能够了解最新的时尚趋势，还能够形成自己的审美观念，进而影响个人的穿着和生活方式。这种从 T 台到生活的转化，使服装表演成为时尚审美潮流的重要推手。

二、服装表演的属性及类型

　　服装表演是时尚和艺术交汇的独特领域，它以服装为主题，通过模特、灯光、音乐和舞台效果综合呈现给观众。不仅是对服装设计的展示，还是文化、技艺、审美和创新思维的融合。作为一个多维度的展示平台，服装表演根据其所具有的属性和目的，可以划分为不同的类型。

（一）服装表演的属性

1. 服装表演的艺术性

　　服装表演作为一门综合性艺术，融合了时间艺术与视觉艺术的元素，为观众展现了一场盛大的视听盛宴。[①] 当提及各种艺术形式，如芭蕾、歌剧和话剧，它们各自具有独特的艺术语言和主体。然而，服装表演所展现的，不仅仅是服装，更是通过服装来表达的文化、情感和创意。如同音乐需要时间的流动来创造旋律和节奏，美术则依赖视觉来呈现形态和色彩，服装表演巧妙地融合了这两种艺术，为观众提供了独特的艺术体验。模特

---

　　① 刘元杰，石轩玮."梦"娱乐类服装表演编导与组织策划赏析 [J]. 才智，2015（16）：1.

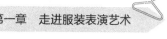

身着华丽的服装走上 T 台，随着音乐的律动，他们的每个动作、每个姿态都在诠释着服装的魅力和设计师的创意。

不仅如此，服装表演还与多种艺术形式相互融合。舞美为表演创造了完美的舞台环境，将观众带入设计师所想象的世界；模特的肢体表现则为服装赋予了生命，让每一件作品都仿佛拥有了灵魂。与此同时，视觉艺术在服装表演中也扮演了不可或缺的角色，它通过色彩、形状和线条，为观众呈现了动态的画面。空间艺术为表演提供了深度和维度，使观众仿佛置身其中，与模特和服装形成了亲密互动。妆发艺术也为服装表演增添了浓厚的色彩。无论是华丽的发饰，还是精致的妆容，它们都为模特打造了完美的形象，与服装形成了和谐的统一。此外，民间艺术也为服装表演提供了丰富的灵感和元素，使表演更加多元化和丰富。最为重要的是，服装表演还给人们带来了生活方式和生活艺术的启迪。它不仅仅是一场艺术展演，更是一种生活态度和价值观的体现。每一次表演都在告诉人们，如何更好地欣赏美，如何在日常生活中追求艺术和创意。

2. 服装表演的实效性

服装表演深刻体现了时尚领域的脉搏和节奏。作为品牌推广和促销的重要手段，服装表演不仅要紧密跟随品牌新产品的推出，还要满足不同季节中所展现的流行趋势。这种与季节同步的特性赋予了服装表演显著的时效性属性。[①]

服装行业中，新产品的发布常以季节为单位，每个季节都有其独特的风格和主题。对于服装表演来说，这意味着在每个季节的开始，都要展示出与之相应的新服装设计。这种时效性对于整个表演的创作过程提出了相当高的要求。与长时间酝酿和制作的艺术品如电影或舞台剧不同，服装表演必须在相对短的时间内完成从策划到执行的所有工作。这独特的工作节奏意味着在策划和制作的每个环节，都不能有任何的拖延。设计师、模特、化妆师、舞台工作人员等都必须高效协同，确保整个表演流程的顺畅。这种高效的工作模式不仅考验着团队的协作能力，而且对每个参与者的专业能力提出了更高的要求。因为在时间如此紧迫的情况下，没有余地

允许任何失误或重新制作。在这样的背景下，创作者的知识和经验显得尤为重要。一个有经验的设计师能够更快地把握时尚趋势，准确地预测下一个季节的流行元素，从而在短时间内设计出吸引人的作品。同样，经验丰富的模特和化妆师也能在短时间内完成对服装的完美展示。这种知识和经验的积累，确保了整个服装表演在新产品时效单元内的完美策划和制作，服装表演的时效性也为观众带来了新鲜感。因为每个季节都有新的产品发布，观众总能在服装表演中看到最新的、最流行的设计，这种持续的新鲜感使观众对服装表演始终保持高涨的兴趣。

3. 服装表演的不可复制性

在艺术和时尚的交汇点，服装表演独树一帜，不仅因为它所展现的设计思维和美学观念，更因为其所具有的不可复制性。这种不可复制性有着多方面因素，使每一次服装表演都成为一次独特、难以重现的体验。

服装设计本身就是一种创意的流露。当这些设计被置于舞台上，通过模特、灯光、音乐以及特定的舞台布局呈现出来时，它们所营造的氛围和情感更是独一无二。每个细节，无论是模特的走位、动作、表情，还是背景音乐的旋律和节奏，都为整体的演出注入了生命力。这种综合的、立体的艺术呈现，与其说是一次表演，不如说是一次瞬间的艺术创作。而这种瞬间的艺术创作，正是其不可复制性的根源。同样的服装设计，在不同的模特身上，由于身材、气质、动作语言等因素的差异，都会呈现不同的效果。灯光、音乐、舞台效果等元素，同样难以完全复制，因为每次的演出都会受到现场环境、技术条件、人员配合等诸多因素的影响。

观众的反应和情感参与也为服装表演的不可复制性添加了另一层含义。在不同的时间、地点、文化背景下，观众对同一场服装表演的反应是多样的。他们的喜好、情感、经验和文化背景都会影响他们的观感和评价。这种即时、现场的互动和反馈使得每一场服装表演都与众不同。此外，时尚本身就是一个不断变化的领域。设计师的创作灵感、技术的更新、材料的创新等都使得时尚界保持着持续的活力。因此，即使是相同的设计师，不同季度的作品也有所不同，更不用说在不同的文化和市场环境下的表现了。

（二）服装表演的类型

1.从服装品牌的属性上分类

从服装品牌的属性来看，服装表演分为成衣秀和高级定制秀（高定秀）两大类。

成衣秀，通常简称为 RTW（Ready to Wear），代表了大众市场的方向，它的核心是"即看即买"。设计师在此类展示中推出的是面向大众市场的系列，这些设计既要反映当前的时尚趋势，又要考虑生产效率和成本。RTW 的服装通常有着更加广泛的尺码和颜色选择，以满足不同消费者的需求。这种表演的重点往往放在服装的实用性、舒适性和可达性上，同时也注重展示品牌的特色和风格。与成衣秀相对的是高级定制秀，也称为高定秀。它代表了时尚界的顶级工艺和艺术创意。高定服装是为个别顾客量身定制的，它们不仅反映了客户的独特品位和身份，还展现了设计师的匠心独运和对材料、工艺的极致追求。在高定秀上，每一件作品都是独一无二的，它们往往采用了珍贵的材料，如手工刺绣、珍稀宝石等，并经过技艺精湛的工匠数天甚至数月打造。这种展示的重点是展现服装的艺术性、独特性和奢华性，它所呈现的不仅仅是服装，更是一种生活态度和审美观念。

两者间的对比，可以说是量产与独特、大众与精英的对决。然而，它们同样展示了服装的多样性和丰富性，无论是满足大众的日常需求，还是追求顶级的艺术境界，它们都为人们的生活带来了色彩和魅力。服装品牌的这种分类，不仅仅是基于其产品的属性，更是基于品牌和消费者之间的关系。成衣品牌与消费者之间是基于共鸣和归属感的关系，它们追求的是广泛的市场接受度；而高定品牌与消费者之间则是基于尊重和欣赏的关系，它们追求的是与消费者之间的深度互动和情感联系。

2.从服装表演的功能上分类

服装表演在当代已经成为一个多功能的平台，不仅仅是简单地展示服装设计。从功能上来看，服装表演可以分类为订货型、发布型、促销型和艺术创意型。这些分类揭示了不同类型服装表演的目的和核心价值，从商业目标到艺术创新，各有不同。

（1）订货型服装表演。订货型服装表演是时尚界与市场之间的重要连接。它提供了一个平台，使设计师的创意能够与市场的需求相结合，实现商业与艺术的完美结合。在这个过程中，设计师不仅能够实现其创意，还能为品牌带来实际的商业价值。

订货型服装表演的核心目的是为品牌或独立设计师争取订单。这意味着每个在此类表演中展出的设计都是为市场所做的，是希望被大量生产并进入零售市场的。在这种背景下，设计师们更加注重市场趋势、消费者需求和可穿性。与其他类型的服装表演相比，订货型表演更加实用、务实。这并不意味着订货型服装表演缺乏创意或艺术性。相反，它提供了一个平台，让设计师展现如何将原始的创意融入实际的市场环境。成功的订货型表演不仅需要出色的设计才华，还需要对市场的深入了解和敏锐的市场洞察力。为了使自己的设计在订货型表演中脱颖而出，设计师必须确保其作品在形式和功能上都能满足消费者的期望。这可能涉及对当前的流行元素进行调研，了解哪些颜色、材料或剪裁在该季度或年份特别受欢迎。此外，考虑到此类表演的目标受众主要是买手和零售商，设计师还需要关注每件衣服的细节和制作工艺，确保其质量与品牌形象相匹配。订货型服装表演不仅仅是关于销售和订单，它也为设计师和品牌提供了一个与买手、零售商和其他业界专家进行互动的机会。通过这种互动，设计师可以获得有关其设计的直接反馈，了解哪些元素受欢迎，哪些可能需要调整。这为设计师提供了一个珍贵的机会，使其在将来的设计中更加符合市场的需求。

（2）发布型服装表演。发布型服装表演的核心在于"展示"。与其他类型的服装表演不同，这类展示的主要目的不是即时销售或促进交易，而是展示新的系列或概念。这意味着每一件展示的作品都是设计师的最新创作，体现了其对当下时尚、文化和社会的理解与解读。

发布型服装表演常常成为媒体的焦点。摄影师、记者、博主和时尚评论家聚集在一起，捕捉每一个精彩瞬间，对每一个细节进行分析和评论。这为品牌和设计师提供了一个宝贵的机会，使其作品能够迅速传播到全球，吸引更多的关注和讨论。此外，这类表演也为设计师提供了一个与其同行、合作伙伴和潜在客户建立联系的机会。发布型服装表演的另一个特点是具有创意和独特性。为了在众多的展示中脱颖而出，设计师必须确保他们的作品具有独特性和创新性。这经常导致一些非常前卫和概念性的设计，这些设计可能不完全适合日常穿着，但它们体现了设计师的艺术愿景和对未来时尚的预测。这种追求创新和突破的精神，使发布型表演成为时尚界的创新实验室。此外，发布型服装表演也经常与其他艺术形式相结合，如音乐、舞蹈和视觉艺术，为观众创造了一个多感官的体验。通过这种方式，设计师不仅仅是展示他们的服装，更是在展示一个完整的品牌故事或概念。这为品牌或设计师提供了一个更深入、更有影响力的方式，与观众建立情感联系。

（3）促销型服装表演。促销型服装表演的核心目的是推广。这种表演方式注重吸引观众的注意力，并促使他们购买。与其他类型的服装表演不同，促销型更多地注重与观众之间的连接和互动。它可能伴随着特殊的折扣、优惠或其他促销活动，意在吸引观众在场地或之后进行购买。这类表演常常出现在商场、购物中心或其他公共场所。环境的选择通常是为了确保大量的流量和曝光。音乐、灯光和舞蹈等元素可能被纳入其中，确保创造出一种吸引人的、节奏感强的展示。设计师和品牌希望通过这种方式与潜在客户建立联系，让他们了解和喜欢所展示的商品。

促销型服装表演并不只是为了销售，它也为品牌塑造形象、提高知名度和强化品牌定位提供了机会。例如，一个专注于环保的品牌可能会在其促销型表演中加入与环境保护有关的元素，如使用可持续性材料或关于环境友好的宣传。为了确保成功，促销型服装表演必须确保与目标消费者的需求和兴趣相一致。模特、音乐、舞蹈和其他元素的选择都应当与品牌形象和目标市场相匹配。此外，与任何其他推广活动一样，评估其效果也是至关重要的。品牌和设计师需要密切关注销售数据、客户反馈和其他关键指标，以确保他们的努力产生了预期的效果。另外，随着科技的进步，许多品牌和设计师开始采用增强现实、虚拟现实和其他技术手段，使促销型服装表演更加引人入胜。这不仅可以为消费者提供更加沉浸式的体验，还可以更有效地传达品牌信息和促进销售。

（4）艺术创意型服装表演。艺术创意型服装表演是时尚与艺术碰撞的结果，是纯粹创意的体现，它不再仅仅局限于服装的实用性，而是向观众展示了一个充满创新与无限想象的世界。在这种表演中，设计师有更大的自由，不受商业压力的束缚，可以毫无保留地展示自己的创意与灵感。这种表演的核心不是为了销售，而是为了传达一种观念、一个故事或某种情感。设计师通过自己的作品向观众展示他们的视野，表达他们对时尚、生活或世界的理解。每一套作品都是一个独立的故事，每一个细节都充满了意义。

艺术创意型服装表演往往更加前卫和实验性，可能包含一些不同寻常的材料、技术或设计方法。例如，设计师可能使用可持续或再生材料来制作服装，或者尝试一些非传统的裁剪和缝制技术。这不仅展示了设计师的独特视角，也向观众展示了时尚的无限可能性。此外，这种表演也经常与其他艺术形式相结合，如音乐、舞蹈、视频艺术等，为观众提供了一种多维度的视觉和听觉体验。模特不再仅仅是走秀的工具，他们通过自己的表演，成为作品的一部分，与服装相互融合，共同传达设计师的意图。

为什么需要艺术创意型服装表演呢？答案很简单，为了创新和探索。在一个快速发展的市场和不断变化的消费者需求面前，设计师需要一个可以自由表达、不受限制的平台。这种表演为他们提供了这样一个机会，使他们能够打破常规，挑战现状，并设定新的标准。而对于观众来说，艺术创意型服装表演提供了一种全新的视觉和心灵的享受。这不仅仅是一场表演，更是一次与设计师心灵深处的对话，一次对美、艺术和创意的探索。

第二章　服装表演艺术中的妆发设计

第一节　化妆造型概述

一、化妆造型与舞台化妆造型

（一）化妆造型

化妆造型是一门艺术，它通过使用各种化妆品和工具，以一定的技巧和步骤来改变人体的外貌。这可以包括对面部骨骼结构、五官和其他身体部位进行染色、描绘和整理，以增强立体感、掩饰缺陷和表现出不同的神采。化妆可以是日常的、自然的，也可以是戏剧性的、夸张的，具体取决于所需的效果和场合。

化妆造型则是对"化妆"这一概念的进一步拓展。它不仅仅包括化妆，还包括发型、头饰等与造型相关的内容。这种整体造型，旨在展现人物的自然美和装饰美，使人物形象更加完整和立体。通过化妆造型，可以改善人物的形、色、质，使其更加美观和有魅力。化妆造型的成功，需要化妆师、发型师及造型师紧密合作。他们需要根据服装的风格、色彩和材质，为模特设计合适的化妆造型，使其与服装形成完美的统一。

化妆造型可以大致分为两大类别：实用妆型和创意妆型。实用妆型的主要目的是遮盖或改变形象的不足之处，使其更加完美。通过使用化妆品和技法，可以修饰面部的不足，如瑕疵、斑点或其他不完美之处，从而使形象更加符合生活中的审美需求。创意妆型不仅仅是为了美化形象，更是为了通过创意艺术表现手法来重塑形象。创意妆型的目的是增强形象的视觉效果和艺术表现力。通过使用不同的化妆品和技法，可以创造出各种独特、新颖的形象，从而使服装表演更加生动、有趣。

（二）舞台化妆造型

1.概述

舞台化妆造型，作为舞台美术综合艺术的核心内容，享有舞台美术中不可或缺的地位。这种造型艺术与布景、灯光、服装、道具和音效等元素紧密结合，共同构建了舞台的美学整体。每一次舞台演出，都离不开这些元素的完美融合，而舞台化妆造型则是其中的关键。舞台化妆造型的主要目的是塑造出角色所需的视觉形象。这不仅仅是为了改变演员的外貌特征，更是为了刻画出角色的各种生理特征和外部形态。无论是年龄、性别、民族还是种族，舞台化妆造型都能够通过细致的刻画，使角色的形象在舞台上更加鲜明和生动。除了生理特征，舞台化妆造型还需要揭示角色的社会背景和个性。这包括角色的阶级出身、社会经历、生活条件以及思想感情和性格等。这些都是角色形象的重要组成部分，也是舞台化妆造型需要重点关注的地方。

不同的化妆造型设计代表不同的演绎风格。这些风格不仅仅是视觉上的差异，更是对角色和故事的不同解读和表现。因此，化妆造型设计不仅仅是技术性的工作，更是艺术性的创作。

2.艺术夸张性

艺术夸张是一种创作手法，它要求作者对所反映的对象的基本特征进行有意识的放大或缩小。这种夸张并不是简单的夸大其词，而是在保持艺术真实的前提下，对某些特征进行强调，使之更加突出和鲜明。

舞台化妆造型在艺术表现上与其他艺术形式有着相似的特点，即艺术夸张性。这种夸张性并非随意或过度，而是基于剧场演出的特殊条件而产生的。舞台化妆造型不仅仅是为了美观，更是为了在特定的舞台环境中，使角色的形象鲜明、突出。剧场演出的环境与日常生活中的环境有着本质的不同。在舞台上，演员需要在一个固定的区域内进行表演，而观众分布在不同的位置，有的近，有的远。这种特殊的空间布局，使得舞台化妆造型必须考虑所有观众的视角和感受。为了确保每一个观众都能清晰地看到演员的面部表情和特点，舞台化妆造型往往需要进行适度的夸张。从化妆底色的选择，到妆面的浓淡，再到五官的勾描，每一个步骤都需要精心设计和调整。例如，为了使演员的五官在舞台上突出，化妆师可能会使用更深或更浅的色彩来勾描眼睛、鼻子和嘴巴。同样，发型和发式的设计也需要考虑舞台的光线和角度，确保每个细节都能被观众所捕捉。这种艺术夸张性并不是为了制造假象或误导观众，而是为了更好地传达角色的性格和情感。通过夸张的化妆和造型，演员可以更加自信地进入角色，更好地与观众进行情感的交流。而对于观众来说，夸张的化妆造型不仅可以增强视觉的冲击力，还可以帮助他们更快地理解和感受角色。

二、服装表演的化妆造型

服装表演的化妆造型与传统的舞台化妆造型存在明显的差异。在大多数舞台表演中，化妆造型的核心目的是塑造和强化角色的性格和特点。但在服装表演中，这一目的有所不同。这里的化妆造型并不是为了创造角色，而是为了与服饰道具相结合，共同构建舞台上模特的完整形象。这种特殊性要求化妆造型必须与服装的风格、款式、色彩等元素达到完美的协调。每一次的化妆造型都是为了强调服装的设计理念、创意和特点。这意味着，化妆师在为模特化妆时，不仅要考虑化妆的技巧和效果，还要深入理解服装的设计理念和风格。此外，化妆造型还需要与模特的身体特点、肤色、发型等因素相结合，确保整体形象的和谐统一。

服装表演的化妆造型主要由两个核心部分组成：化妆设计和发型造型设计。这两者都是为了与服装表演的主题、特点和目的相协调，从而达到完美的整体效果。根据服装表演的不同需求，化妆设计和发型造型设计可以采取不同的设计方式。有些服装表演可能更偏重于实用妆型的设计方式，这种设计方式更注重实用性和日常性，适合那些更为日常和实用的服装表演。而有些服装表演可能偏重于创意妆型的设计方式，这种设计方式更注重创意和艺术性，适合那些更为艺术和创意的服装表演。

在大多数服装表演中，模特的化妆造型往往是统一的。这种统一性并不意味着每一名模特的妆容都完全相同，而是指其主要的创意点和基本的化妆造型手法。这些手法和创意点会根据模特的肤色、脸型以及所展示服装的主要设计特点进行微调和变化。这种变化旨在确保每一名模特的妆容都能够与其所展示的服装完美融合，从而实现整体的视觉和艺术效果。

每一季的服装表演，尤其是品牌的服装发布会，都是当季流行趋势的集中体现。这些流行趋势不仅仅包括服装的设计、颜色和线条，还包括化妆的风格和技巧。因此，服装表演的化妆造型设计必须与当季的流行趋势保持一致。以2017春夏巴黎时装周为例，那一季的流行趋势明显倾向于轻薄自然的底妆。尽管各大品牌在化妆设计上都有自己独特的创意和灵感，但清透自然的裸妆妆面成为那一季的主流。克里斯汀·迪奥、赛琳、罗意威、罗兰等品牌都选择了这种妆面作为品牌的视觉呈现。

在品牌的服装发布会上，化妆造型设计应当与品牌的形象定位相一致。这意味着，化妆造型不仅要与服装的风格和设计相匹配，还要与品牌的历史、文化和价值观相契合。时间轴上的连续性变化也是化妆造型设计中的一个关键因素。

第二节　化妆设计

一、化妆设计的作用

（一）改变和矫正模特的形象

模特的肤质因人而异，有的皮肤光滑细腻，有的则可能存在一些瑕疵。在T台上和镜头前，这些瑕疵会被放大，从而影响整体的展示效果。因此，化妆的一个重要作用就是改变模特的肤质。通过粉底、遮瑕膏等化妆品，化妆师可以遮盖皮肤上的瑕疵，使模特的肤质看起来更加光滑和完美。除了肤质，模特的面部轮廓也是化妆设计需要考虑的一个重要因素。中西方模特在面部轮廓上存在明显的差异，如鼻梁的高低、眼睛的大小等。化妆师会根据模特的面部轮廓，通过提高光、铺阴影等技巧，修饰模特的五官，使其看起来更加立体和有深度。这种修饰不仅可以强调模特的优点，还可以弱化其不足，从而使其形象更加完美。有时候，为了更好地展示服装的风格和特点，化妆师还需要对模特的形象进行改变，或弱化模特原有的面貌特征，或为模特塑造一个全新的形象，为模特创造出与服装风格相匹配的妆容。

（二）准确塑造服装形象

服装表演，以服装为核心，以模特为载体，展现了设计师的创意和设计理念。而化妆设计，正是为了更好地塑造和完善这一整体形象。在整场服装表演中，每一款服装都承载了设计师的心血和创意。这些创意可能来源于生活中的点滴，也可能来源于设计师的某一灵感或情感。而化妆设计，就是为了将这些创意和情感，更为直观地展现给观众。化妆师在设计妆容时，会深入地研究整场秀中的服装设计理念。他们会在妆容中融入服装设计的元素。这些元素，既可以是具体的，如某一款服装上的花纹或材料；也可以是抽象的，如某一款服装所要传达的情感或主题。妆容的设计，具有一种直接性和视觉冲击力。与服装相比，妆容更容易被观众所注意和理解。因此，模特的妆容设计，成为传输设计师设计理念的重要桥梁。当观众看到模特的妆容，他们不仅仅是看到了颜色和线条，更是看到了设计师的创意和情感。

二、化妆设计的内容

（一）底妆

底妆在化妆设计中占据了核心地位。无论是日常生活中的化妆，还是专业的服装表演化妆，底妆都是妆容的基础。一个完美的妆容，往往取决于底妆的质量和效果。在日常生活中，人们追求的是精致、持久和完美的底妆。这是因为底妆直接影响整体妆容的效果和持久度。一个好的底妆可以修饰肌肤的瑕疵，提亮肤色，使肌肤看起来健康和有光泽。而一个不合适的底妆，则可能会使妆容看起来不自然，甚至出现脱妆、浮粉等问题。

在服装表演化妆设计中，模特的妆容需要与服装、灯光和整体氛围相协调。底妆的一个重要作用是改变肌肤的质地感。这不仅仅是为了修饰肌肤的瑕疵，更是为了使模特的肌肤在舞台上看起来完美和有质感。妆面的重点在于通过无妆感的底妆修饰模特的肌肤质感。这种无妆感的底妆，可以大幅度提升皮肤的视觉效果，使肌肤看起来透明和自然。这种效果，不仅仅是为了美观，更是为了与服装和整体氛围相协调。一个好的底妆，可以使模特的肌肤在舞台上焕发自然的光泽，与服装和灯光相得益彰。

底妆底色的夸张变化是化妆设计中的一种常见手法。这种手法的使用，往往出于对服装表演主题的考虑和需求。例如，一个注重创新和前卫的服装表演，可能会选择大胆和夸张的底妆底色，以此来强调其独特性和与众不同。反之，一个注重传统和经典的服装表演，则可能会选择低调和自然的底妆底色。服装表演舞台上，模特的底妆在色彩上的变化，往往能够为观众带来惊喜。这种变化不仅仅是为了美观，更是为了与服装表演的主题和风格相匹配。每一个细节，无论是底妆的色彩、质地，还是光泽，都是化妆师艺术创作的一部分，都是其技巧和经验的体现。通过精心的设计和策划，化妆师可以为模特打造出与众不同的底妆，从而使其在服装表演舞台上更加出彩。

（二）眉妆

眉毛，作为面部的一个重要组成部分，对于整体妆容的效果有决定性的影响。在处理眉形之前，通常会先进行底妆的打底。

在服装表演舞台上，模特的眉妆选择往往偏向自然眉。这种眉形不仅能够突出模特的自然美，还能与各种服装风格相匹配，为观众带来和谐统一的视觉体验。但随着流行趋势的变化，眉妆的选择也在不断地调整和创新。弯眉和直眉、粗眉和细眉之间的选择，取决于当下的流行元素和服装风格。除了眉形的选择，眉妆的颜色也是化妆师需要考虑的重要因素。通过使用眉粉等化妆用品，化妆师可以轻松地改变眉毛的颜色，为模特创造出与众不同的妆容效果。这种颜色的变化，不仅可以与服装的颜色和风格相匹配，还可以为模特的整体形象带来新的亮点。特殊眉形在服装表演舞台上也时有出现。这种眉形的设计，往往是为了突出某一特定的视觉创意点，为观众带来震撼和新奇的感受。

（三）眼妆

眼睛被誉为"心灵之窗"，因此，对于眼妆的设计和强调，不仅可以突出模特的眼部特点，还可以为整体妆容增添深度和层次感。在服装表演的化妆设计中，眼妆的变化和创意是无止境的。每一场表演、每一个品牌，甚至每一个设计师，都可能为模特带来与众不同的眼妆设计。这种多样性和创意，使得眼妆成为化妆设计中的亮点和焦点。

1. 眼线

眼妆的设计包括多个环节，其中眼线是基础且关键的一步。眼线的画法和风格直接影响整个眼妆的效果和风格。一个精确、干净的眼线可以使眼睛看起来更加有神、明亮，而一个柔和、模糊的眼线则可以带来梦幻、朦胧的感觉。

眼线的画法有很多种，包括内眼线、外眼线、上眼线和下眼线等。每种眼线有其特点和适用场合。例如，内眼线可以使眼睛看起来更加深邃和有神，适合日常妆容；而外眼线可以增加眼睛的立体感和张力，适合舞台妆或夜晚妆容。除了画法，眼线的颜色和材质也是设计中的重要因素。传统的黑色眼线适合大多数人，可以增加眼睛的深邃感；而彩色眼线可以为眼妆带来个性，如蓝色、绿色或紫色等。此外，眼线的材质，如液体、膏体或笔状，也会影响眼线的效果和持久度。正确的眼线画法可以为眼妆打下坚实的基础，使眼影、睫毛膏等后续步骤的效果更加完美。反之，一个不恰当的眼线可能会破坏整个眼妆的和谐和平衡。因此，化妆师在设计眼妆时，必须充分考虑眼线的画法、颜色和材质，确保眼线与整个眼妆的风格和效果相协调。

2. 眼影

眼影不仅可以强调眼部的结构，还可以为整体妆容增添色彩和深度。眼影的变化涉及多个方面，包括色彩、光泽度、面积、位置以及晕染效果。色彩和光泽度是眼影设计中最常见的变化。色彩可以根据服装、场合或者模特的肤色进行选择，从深沉的烟熏色到明亮的金属色，选择的范围非常广泛。光泽度则决定了眼影的质感，不同的光泽度可以为眼妆带来不同的效果。面积和位置的变化则更加关注眼妆的形状和范围。有些眼妆可能只涉及眼窝部分，而有些则可能延伸至眉骨或下眼睑。位置的变化则可以决定眼妆的重点，如强调眼尾或眼头，都可以为眼部带来不同的视觉效果，晕染效果的变化主要涉及眼影的过渡和融合。一个好的晕染效果可以使眼妆看起来自然、和谐，而一个差的晕染效果可能使眼妆看起来斑驳和不协调。除了传统的眼影，还有一些特别的装饰可以增强眼部化妆效果。例如，使用附着物打造的眼影，如亮片或其他装饰性材料，可以与传统眼影相结合，形成更为夸张和独特的眼部效果。这种方法通常用于特定的场合或表演，以强调眼部的特点和创意。

3. 睫毛

对于睫毛的修饰，通常可以通过多种方式来实现。粘贴假睫毛是其中的一种常见方法。假睫毛的种类繁多，不同的假睫毛可以为眼妆带来不同的效果。例如，上假睫毛和下假睫毛的选择可以决定眼睛的放大程度和形状；假睫毛的粘贴层数多寡则可以影响眼睛的立体感；而假睫毛粘贴部位的变换、假睫毛形状的修剪以及整条粘贴或分片粘贴的方式，都可以为眼妆带来独特的风格和特点。除了假睫毛，睫毛膏和睫毛液也是常用的化妆用品。通过涂刷，可以改变睫毛的形状、长短、厚薄以及颜色。例如，浓密型的睫毛膏可以使睫毛看起来浓密和有力，而纤长型的睫毛膏可以使睫毛看起来纤长和飘逸。有时，化妆师也会利用化妆工具和用品来故意改变睫毛的物理形态。例如，使用睫毛夹可以使睫毛更加卷曲，而使用特殊的睫毛膏则可以使睫毛更加平直。此外，还可以通过特殊的技巧，如粘结成束状，来创造出"脏眼线妆"的效果。

（四）唇妆

唇妆，作为整体妆容中的亮点，其色彩和质感的选择都显得重要。绚丽的色彩和多样的质感为唇妆带来了无限的可能性，使其成为妆容中不可或缺的一部分。在服装表演舞台上，唇妆设计涉及多个方面，包括唇形轮廓的改变、唇色的选择、唇色的融合变化等。

唇形轮廓的改变是唇妆设计中的基础步骤。模特的唇形轮廓通常以自然轮廓为主，这样可以更好地展现其自然之美。使用唇线笔描绘上下唇轮廓，可以有效地突出唇形，使其饱满和立体。然而，设计师在某些特定的场合，为了追求特定的效果，也会选择故意破坏模特的自然唇形。例如，夸大唇形，使其形成"肿嘴"妆面，这种妆容可以为模特带来前卫和大胆的形象。反之，缩小唇形，通过使用底妆或遮瑕膏等化妆品掩盖模特嘴唇的自然轮廓，再采用"点唇"的方法涂抹唇彩，可以为模特带来精致和细腻的妆容效果；唇色的选择也是唇妆设计中的关键环节。不同的唇色可以为模特带来不同的氛围和风格。例如，鲜艳的红色可以为模特带来热情和活力的形象，而深沉的紫色可以为模特带来神秘和高贵的形象。设计师在选择唇色时，不仅要考虑到模特的肤色和妆容的整体风格，还要考虑到服装的色彩和设计；唇色的融合变化是唇妆设计中的高级技巧。通过使用不同的唇彩，可以为模特的嘴唇带来丰富的层次感和立体感。例如，使用深色的唇彩在嘴唇的中心部分，再使用浅色的唇彩在嘴唇的边缘部分，可以为模特的嘴唇带来饱满和立体的效果。

　　在当下的化妆潮流中，唇妆的设计和选择已经不再局限于单一的颜色或风格，而是更加注重色彩的融合和变化。单色唇彩的选择相对简单，只需根据肤色、服装和场合选择合适的颜色即可，但多色唇彩的融合变化则需要更多的技巧和创意。如何将不同的颜色完美融合，如何使唇妆成为整体造型的亮点，都是化妆师需要考虑的问题。布兰奎诺（Branquinho）的"咬唇妆"就是一个很好的例子。这种唇妆造型并不是简单地将唇彩涂在唇上，而是通过"Y"形和左右两条线作为延展线，使唇彩从内部到外部形成一个自然的过渡。这种设计不仅使唇妆立体和有层次，还能够突出唇部的轮廓，使唇部饱满和性感。而鄞昌涛（Andrew Gn）的"咬唇妆"是另一种风格。这种唇妆造型在唇部上下轮廓使用了金色进行勾勒，并在内唇进行了点缀晕染。这种设计既能突出唇部的轮廓，又能给人神秘和高贵的感觉。从这两种唇妆造型可以看出，现代的唇妆设计已经不再局限于传统的涂抹方式，而是更加注重创意和技巧。通过不同的颜色、线条和技法，化妆师可以为模特或顾客创造出独特的唇妆造型，使其在众多的化妆造型中脱颖而出。

　　有时候，唇妆造型会出现一些有趣和创新的设计，这些设计往往来源于生活中的日常现象。在大多数情况下，这些日常现象可能会被人们所忽视或忌讳，但在化妆师的巧手之下，它们可以变得与众不同，成为妆容中的一大亮点。维维安·韦斯特伍德（Vivienne Westwood）就是这样一位敢于创新和尝试的设计师。她不仅仅是在服装设计上有着出色的表现，更是在化妆设计上也有着独到的见解和创意。在她的设计中，那些在生活中被人们所忌讳的现象，如口红外溢或不小心沾上的口红印，都可以成为妆容中的一大创意点。她巧妙地将这些现象放大和强调，使其成为妆容中的焦点，从而吸引观众的注意力和兴趣。这种将日常现象转化为妆容创意的方法，不仅仅是为了创新和尝试，更是为了传达某种特定的情感和信息。通过这种方法，化妆师和设计师可以深入地探索和挖掘生活中的美学和情感，从而为观众带来丰富和多元的视觉体验。

（五）腮红

腮红的主要功能是为面颊增添健康红润的颜色。适当的腮红可以为整体妆容带来生气和活力，使肌肤看起来有光泽。无论是在日常妆容中，还是在舞台妆容中，腮红都是不可或缺的一步。眼妆常常被视为化妆设计的焦点，因为眼睛是人们最先注意到的部分，也是最能传达情感的部分。而唇妆是化妆设计的点睛之处，它可以为整体妆容增添色彩和魅力。但腮红，作为化妆设计中修饰脸型和美化肤色的工具，其作用同样重要。正确使用腮红可以为脸部增添立体感，使脸型看起来修长和有轮廓。

在服装表演中，腮红的使用往往超出日常化妆的范畴。通过调整使用面积、选择不同的使用部位、变化色彩和深浅，腮红可以为模特的妆容创造出特别的视觉效果。这种效果，不仅仅是为了美观，更是为了与服装的主题和风格相匹配，为观众提供一个完整的艺术体验。夸大的、充满舞台感的腮红处理，已经成为化妆设计中的传统技法。尽管时尚界的流行趋势不断变化，但这种技法始终保持着其独特的魅力和生命力。每一季的服装表演舞台上，总会有一些品牌选择使用这种技法，为其服装增添独特的魅力。例如，路易威登的爆炸头晒伤妆就是一个典型的例子。这种妆容，通过夸大的腮红效果，为模特的面部创造出一种独特的视觉效果，与服装的风格和主题完美地融合在一起。同样，香奈儿的粗眉晒伤妆和高田贤三的复古舞台妆，也都是通过夸大的腮红效果，为观众带来了独特的艺术体验。

第三节 发型造型设计

一、发型造型设计概述

发型造型的目的是通过对头发的整形和预安排，达到美化的效果。一个合适且出色的发型造型，不仅可以为模特增添魅力，而且可以为整体的表演增添亮点。

服装表演中的发型造型，作为服装风格的延续，为整体的表演效果增添了独特的魅力。与化妆设计相比，发型设计与服装的关联性可能不那么直观，但其在传达服装表演主题上的作用同样不可或缺。观众在欣赏服装表演时，可能更容易被妆容所吸引，但要真正理解发型的设计思路和原理，往往需要深入探究服装的风格和主题。

以汤姆·布朗（Thom Browne）2017秋冬发布会为例，这次的发布会主题聚焦于"使用羊毛进行量身定制"。这一主题不仅仅体现在服装的设计上，更在发型造型中得到了完美呈现。为了与服装主题相呼应，威娜专业创意总监索雷曼（Eugene Souleiman）在发型设计中巧妙地将羊毛融入其中，创造出一种既朴实又简约，还带有未来派风格的发型。这种设计不仅展现了手工技艺，更体现了强烈的图形感。这种发型造型由两种不同的发型组合而成。一种是光滑、顺直的真发发型，展现了发型的自然美感；另一种是真发与羊毛交织而成的发型，这种发型的设计巧妙，将头发的底部束起，再在侧分的部位创造出一个发辫，将长达2米的白色、黑色或灰色羊毛交织其中，当模特在T台上行走时，这种发辫直接与地面接触，为观众带来了一种全新的视觉体验。

二、发型设计的内容

服装表演舞台上的每个细节，都是为了强化服装的主题和风格，为观众提供一个完整的视觉体验。在其中，模特的发型设计尤为关键。与日常生活中的发型设计不同,舞台上的发型设计更多的是为了服装和主题服务,而非为模特个体服务。

(一)常规设计

发型,作为人们外观的重要组成部分,不仅影响着个人的形象,还在很大程度上决定着人们的气质和风格。在日常生活中,人们通常根据头发的长度来区分发型,主要包括短发、中长发和长发三种。这种分类方式简单明了,易于理解,也符合大多数人的实际需求。然而,在服装表演这样的专业场合,由于需要考虑到整体效果和风格的统一,以及模特群体的特点,发型不再仅仅是按照长度来分类,而是更多地考虑到发型的特点和风格。因此,直发、卷发和束发成为服装表演中的三大主要发型类别。

1.直发类发型

直发类发型的基础是保持头发的自然直状。这种发型不需要过多做烫发或卷发处理,而是通过修剪、使用造型液等美发产品和直板器等美发工具来梳理和塑造。这种处理方式,不仅可以保持头发的健康和光泽,还可以为发型带来更多的自然感和流畅感。但即便是简单的直发,也有丰富的变化和设计空间。例如,通过刘海的变化,可以为直发发型带来不同的风格和氛围。短刘海、长刘海、斜刘海、厚刘海等不同的刘海设计,都可以为直发发型增添独特的魅力。此外,中分和偏分的选择,也是直发发型设计中的关键因素。中分可以展现出对称和平衡的美感,而偏分可以为发型带来随性和个性的风格。头发的蓬松度也是直发发型设计中的重要考虑因素。蓬松的直发可以为发型带来轻盈和空气感,而紧贴头皮的直发可以展现出简约和干练的风格。此外,干湿油处理也是直发发型设计中的关键技法。湿润的直发可以为发型带来清新和光泽感,而干燥的直发可以为发型带来自然和柔软的触感。

2.卷发类发型

卷发类发型,作为发型设计中的一种经典类型,一直受到广大爱美者的喜爱。这种发型的特点在于将直发通过特定的美发工具,如卷发棒,或者经过电烫处理,形成卷曲状的头发。这种卷曲的效果,不仅可以为发型增添活力和魅力,还可以为整体形象带来新的变化。卷发类发型的变化和设计，主要体现在卷发的方式和形状上。通过使用不同的卷发方式，如横卷、竖卷和螺纹卷，可以为发型创造出不同的视觉效果。例如，横卷可以使头发呈现波浪状的效果，而螺纹卷可以使头发形成小螺旋状的形状。此外，通过调整卷发成圈的大小，也可以为发型带来不同的风格和氛围，如羊毛状的卷发和小螺旋状的卷发。除了卷发的方式和形状外，卷发类发型的设计还包括刘海、中偏分、蓬松度和干湿油处理等方面的变化。这些变化，可以为卷发类发型增添更多的层次感和立体感，使其丰富和多变。

3. 束发类发型

在众多的发型设计中，束发类发型始终占据一席之地。这种发型，主要是将头发束起，为模特创造出简洁、干练的形象。根据操作的不同方法和最终的造型效果，束发类发型又可以细分为辫发、盘发、扎发等不同的子类。

（1）辫发。辫发的种类繁多，可以根据不同的标准进行分类。按照编发的股数来分，辫发可以被划分为整股辫发和分股辫发。整股辫发通常是将所有的头发编成一个整体的辫子，而分股辫发则是将头发分为几个部分，每个部分都编成一个小辫子。这两种方式各有特色，整股辫发简单大方，而分股辫发复杂且有层次感。再按照编发的方向来看，辫发又可以分为从上往下辫发、从下往上辫发以及横向辫发。从上往下辫发是常见的方式，通常从头顶开始，一直编到发尾。而从下往上辫发是从底部开始，逐渐向上编织，这种方式可以为发型增添一种逆向的动感。横向辫发是将头发从一侧编到另一侧，形成一个横跨头部的辫子，这种方式既可以作为主要的发型，又可以与其他发型结合，增添独特的设计感。最后，按照辫发的数量来分，辫发被划分为全辫和局部辫。全辫是指将所有的头发都编成辫子，而局部辫是只将头发的一部分编成辫子，其他部分保持自然或进行其他的造型处理。这两种方式各有特色，全辫统一和整齐，而局部辫灵活和多变。

（2）盘发。盘发的设计内容丰富多样，可以根据盘发最后形成的发髻数进行分类。例如，单盘发型，即将所有的头发束成一个发髻；而双盘则是将头发分为两部分，分别束成两个发髻。盘发后形成的发髻位置也是发型设计的重要内容。发髻的位置可以根据顾客的脸型、头型和整体造型进行调整。高位置的发髻可以展现出女性的端庄气质，适合正式的场合；而低位置的发髻自然、随性，适合日常生活中的休闲场合。盘发的魅力不仅仅在于其高雅的造型，更在于其能够为整体造型增添一份独特的魅力。无论是高雅的单盘发型，还是古典的双盘发型，都可以为女性的整体造型增添独特的魅力。而发髻的位置，无论是高还是低，都可以为女性的脸型和头型增添独特的魅力。

（3）扎发。顾名思义，就是将头发束起并固定。但这种简单的技法，可以产生多种不同的效果。扎发位置的选择，是决定发型效果的关键因素之一。不同的扎发位置，可以为模特的整体形象带来不同的氛围和风格。脑后扎，是常见的扎发方式，它可以展现出一个人的端庄和大方，特别适合正式场合。两侧扎，则带有一种俏皮和活泼的感觉，更适合年轻人和休闲场合。单侧扎，则介于这两者之间，既有一种成熟的韵味，又不失活力。除了位置，扎发的松紧度也是一个重要的变化因素。紧扎的发型，线条清晰，更加利落和干练，适合需要展现自己专业形象的场合。而松扎，自然且随意，适合日常生活和休闲活动。

需要注意的是，常规的发型设计方法，如辫发、盘发、扎发和卷发，都是发型师们的基本工具。但在服装表演中，单一的发型设计方法往往无法满足需求。为了创造出特定的发型效果，发型师们经常对这些常规方法进行组合。例如，辫发与盘发的组合、辫发与扎发的组合、卷发与扎发的组合等。

（二）特殊设计

在服装表演中，为了确保整体的设计理念和视觉效果的统一，发型师需要采用一系列的特殊手法和设计元素，对模特的发型进行调整和处理。这种调整和处理，不仅仅是为了美观，更是为了确保与服装的风格和主题相匹配，为观众提供完整的艺术体验。

1.使用假发

假发，作为一个发型设计的工具，为发型师提供了无限的可能性。通过使用预先设计的假发套和假发髻，发型师可以确保现场的发型呈现高度的统一性。这种统一性，不仅仅是为了美观，更是为了确保每一个模特的发型与服装的主题和风格相匹配，为观众提供一个完整的艺术体验。此外，假发片也是发型师们常用的工具之一。通过使用假发片，发型师可以打造出充满形式感的、符号化的发型元素。这种发型元素，不仅仅是为了装饰，更是为了传达某种特定的信息和意义。使用假发的另一个优势在于，它可以避免因模特的发长、发色各异而影响发型的整体感。在服装表演中，每个细节都是重要的。一个不合适的发型，可能会破坏整个表演的氛围和风格。因此，为了确保每一个模特的发型都与服装的主题和风格相匹配，发型师们经常选择使用假发。

2.改变发色

在发型造型设计中，发色的选择和变化往往与发型的形状和结构同等重要。特别是在服装表演、时尚秀或其他大型活动中，发色可以为模特的整体形象增添独特的魅力和特色。

改变发色是发型师们常用的技巧之一。通过使用彩光香波、彩色润丝和喷发胶等一次性或暂时性的染发剂，发型师可以轻松地为模特创造出独特的发色效果。这种效果，不仅仅是为了美观，更是为了与服装和妆容相匹配。与传统的染发剂相比，临时染发剂不会渗透到头发的内部，而是像颜料一样附着在头发的表面。这意味着，使用临时染发剂后，头发仍然可以保持其原有的光泽和弹性，不会出现干燥、脆弱或其他问题。此外，临时染发剂还为发型师提供了更大的创意空间。由于其对头发的损伤极小，因此发型师可以根据需要频繁地改变模特的发色，为每一场服装表演或时尚秀创造出独特的发色效果。

3.采用头饰

在服装表演中，头饰的使用为整体造型增添了丰富的层次和深度。头饰，作为一种效果强烈的装饰性饰品，通过其独特的色彩、形态和质地，为服装表演带来了独特的美感。

头饰的种类繁多，从帽饰、羽毛、发卡到头巾，每一种头饰都有其独特的风格和特点。这些头饰不仅仅是为了装饰，更是为了与服装的主题和风格相匹配，为观众提供一个完整的艺术体验。例如，一顶精致的帽饰，可以为一套优雅的晚礼服增添一丝复古的魅力；而一束鲜艳的羽毛，则可以为一套前卫的服装带来一丝野性的气息。在服装表演中，头饰的选择和使用，往往是由多方共同决定的。发型师和服装表演编导都可能提出使用头饰的建议，但更多的情况下，头饰是由服装设计师提供的。

第三章　服装表演中的模特表演基础训练

第一节　站立姿态与表演步伐训练

一、站立姿态训练

站立姿态训练不仅有助于提高模特的职业素养，也是确保服装完美呈现在 T 台上的关键。只有通过持续、严格的站立姿态训练，模特才能在服装表演中更好地发挥其作用，使整场表演达到预期的效果。

（一）站立姿态训练目的及动作要领

1. 站立姿态训练目的

站立姿态作为模特表演的起点和基石，决定了模特在 T 台上的整体形象和穿着效果。服装表演的核心在于呈现服装的美感，而模特是这一艺术的载体。因此，站立姿态的训练在模特的基础训练中具有重要的地位。

（1）纠正模特不良体态，改善形体。在日常生活中，由于久坐、不正确的走路习惯或其他原因，许多人形成了不良的体态，如驼背、颈前伸等。这些不良体态在日常生活中可能并不显眼，但在 T 台上，微小的姿态缺陷都可能被放大，影响模特的整体形象。因此，站立姿态训练的第一个目的是纠正这些不良体态。经过持续的训练，模特可以逐步找到身体的中心线，使身体各部分均衡，呈现自然、和谐的状态。

（2）使模特姿态挺拔，为基础训练打下良好基础。站立姿态是模特所有动作的出发点。一个挺拔的站立姿态可以使模特在走台、转身等动作中更加流畅、自然。同时，挺拔的姿态还可以帮助模特在走台时保持平衡，避免摔倒或发生其他意外。因此，站立姿态训练不仅仅是为了站立，更是为了确保模特在后续的基础训练中能够有稳固的基础。

（3）良好的站立姿态使模特穿着服装的效果更为完美。模特的任务是呈现服装，而站立姿态直接影响服装在模特身上的展示效果。一个良好的站立姿态可以使服装贴身，展示出服装的线条和剪裁。反之，不良的站立姿态可能导致服装出现褶皱或失去其应有的形状，无法真实地呈现设计师的创意。

2.基本站立姿态训练动作要领

基本的站立姿态包括头部向上挺直、面部朝正前方、双眼平视。这种头部的位置可以确保模特的神态自然、目光坚定。双肩打开平放，两手放于身体两侧自然下垂，这为上半身创造了稳定的支撑，也为服装提供了良好的展示空间。下半身的挺胸、收腹和提臀能够确保模特的身材线条清晰，强调服装的剪裁和设计。此外，腿部的动作也非常关键。双腿并拢、膝盖绷紧，以及脚部向下用力、脚尖朝前，这都确保了模特在T台上的站立姿态稳定、优雅。

需要注意的是，女模特与男模特在站姿中的细节有所不同。女模特在挺胸时，需要特别强调双肩的打开并向后下方沉，这种动作可以使上半身更加挺拔，强调女性的曲线。这与男模特略有不同，男模特挺胸时，其肩部更为放松，摆平，无须过多强调向后方的用力。这种差异源于男女身材的天然特点，以及对服装展示的不同需求。此外，手的动作在男女模特之间也有所不同。女模特的五指自然打开，其中大拇指稍微向中指靠拢，而食指伸长。这种手形与日常握笔的形态相似，使手部线条流畅、优雅。而男模特的手部要求稍微放松一些，呈现出一种松拳状，虎口朝前，大拇指稍稍靠近食指，其他四指握着空拳。这种手的动作与握笔时将笔横放的感觉相似，显得自然、随意。

（二）站立姿态的分类与训练

1.站立姿态的分类

正确的站立姿态不仅可以展现服装的美感，而且能彰显模特的气质与自信。基本站立、小八字站立、分腿站立是服装表演中模特站立姿态的三种不同类型，这三种站姿的不同之处在于脚与腿的形态位置不同。[①] 对于女模特而言，闭合式的基本站立以及小八字站立是常见的；男模特更多采用开放式的分腿站立。

（1）基本站立。基本站立，或称正步立，是模特站立姿态的基础。此姿态要求模特双腿并拢，脚尖指向前方。身体的重心均匀分布在双腿之上，臀部、腰部和胸部保持一条直线，双肩放松，下垂，头部略显微扬，双目目视前方。这种站姿显得庄重，适用于正式、高端的服装展示，能够让模特展现出一种优雅、稳重的气质。

（2）小八字站立。小八字站立姿态的核心特点是两脚的脚尖呈小八字形状分开，具体角度约为45°。这一独特的站立方式不仅优化了模特的站立造型，还具有一定的修饰作用。两脚的特定角度使两条小腿自然贴近，从而在视觉上产生更为修长、直挺的小腿轮廓。这种姿态可以帮助调整腿部线条，使其直挺和和谐。长时间坚持这种站立方式，对于调整腿部形态和纠正不良站立习惯具有一定的效果。

（3）分腿站立。分腿站立的特点在于两腿打开与肩同宽或稍窄，但不超过肩宽。这样的距离能保证站立时的稳固性，同时避免出现过于张扬的姿态。而脚尖稍稍打开，形成大八字形，这不仅能保证身体的平衡，还能给观众带来稳健、坚定的视觉效果。重心均匀地分布于两腿之间，使模特无论转身、行走，还是站立，都能维持良好的平衡。

2.站立姿态的训练

（1）初级训练法。对于初学者而言，靠墙站立是一个不错的训练方法。选择靠墙壁站立的方法，是为了让模特感受到完全垂直的姿态，并从

---

① 霍美霖，朱焕良，王敏洁，等.服装表演基础[M].北京：中国纺织出版社，2018：87.

中找到自己身体的平衡点。墙壁不仅为模特提供了一个明确的站立标准，还可以帮助模特更好地掌握重心，确保站立时的稳定性。对于没有穿过高跟鞋的女模特，着软底鞋进行训练是必要的。软底鞋不仅可以让模特轻松地适应站立的姿态，还可以保护她们的脚部，避免在初次尝试站立时受伤。在这一阶段，模特主要是学习如何控制自己的身体，寻找最为舒适且稳定的站立姿态。

随着训练的深入，模特会逐渐掌握站立的要领，此时，可以增加训练的难度。方法之一就是抬起脚后跟，只用脚掌着地站立。这一动作旨在强化模特的脚掌力度，同时也能够让她们更好地体验穿高跟鞋站立的感觉。这一训练方法不仅考验了模特的平衡感，还强调了整体站立时向上提气的状态，确保模特在舞台上展现出最佳的姿态。此外，要注意站立的时间。最初可以设定 10 分钟，随着训练的深入，逐渐增加到 20 分钟。持续的站立训练不仅可以让模特更好地掌握站立技巧，还能够提高其耐力，确保在长时间的表演中都能保持最佳状态。

（2）高级训练法。旨在为有一定基础的模特进一步锻炼和提高，使其站立姿态达到专业标准。为确保模特站立时的稳定性和线条的美观，高级训练法具体要求模特在训练时穿着跟高达到或超过 10 厘米的高跟鞋。这一要求有其原因，在实际的 T 台表演中，模特经常需要穿着高跟鞋展示，只有经过充分的训练，模特才能够在 T 台上自如、稳定地行走，展现最佳的站立姿态。

持续站立的时间建议 30 分钟到 1 小时。尽管这看似是一个简单的练习，但在持续站立的过程中，模特需要对自己的站立姿态进行持续的调整和优化，确保每一个细节都符合标准。然而，受到授课时间的限制，站立时间的长短需要根据课程的实际情况来适当调整，以确保不会影响课程中其他内容的进行。站立训练并非只是对站立姿态的训练，同时也要求模特在表情上进行训练。在站立过程中，由于模特可能会觉得此部分的练习较为枯燥，甚至产生厌倦情绪，模特需要学会控制自己的表情，确保在任何时间都能展现出专业和积极的态度。模特需要尽量做到嘴角放松而微微上扬，眼睛平视，望向远方，确保脸部表情自然、不做作。

（3）矫正训练法。塌腰、含胸、一肩高一肩低是不少模特在初次接受模特培训时存在的常见问题。这些问题可能源于日常习惯或是身体的生理结构。为了矫正这些姿态，需要结合实际情况因人而异制定矫正策略，确保每位模特能够找到适合自己的站立方式。对于腿部线条不完美、两腿之间间隙过大的模特，矫正方法是利用宽带来帮助模特调整腿部状态。将宽带适当地缠绕在腿部，可以借助这一外在力量，让模特更好地夹紧双腿。通过反复练习，模特可以逐渐意识到并习惯于保持良好的腿部姿态，而无须依赖外部辅助。另一种常见的站立问题是，部分模特的腿部后侧在正常站立时自然呈现的弧线。对于这类模特，若强求其严格按照标准站立，反而会使得腿部看起来更加弯曲。针对这种情况，通常会建议模特适度放松，不必过分追求完全的腿部紧贴。这样，不仅能够让模特看起来自然、和谐，还能确保模特在表演时不会因为过度紧绷而受伤。

二、表演步伐训练

服装表演中，站立姿态的完美与否会影响观众的视觉感受，而表演步伐的选择和应用则是展现服装风格和模特气质的关键。正确的步伐可以为服装增加动态的美感，使观众更加沉浸在整体的艺术演绎中。

（一）表演步伐的辅助动作练习

表演步伐的辅助动作是模特表演的核心组成部分，它不仅有助于模特更好地掌握走秀的节奏，而且能使模特与服装之间达到更大的和谐。胯部的练习与手臂的摆动练习都是为了达到这一目标。只有当这些辅助动作与步伐完美结合，模特才能真正地将服装的魅力呈现给观众，为服装表演增添无法替代的价值。

1.胯部的练习

胯部动作的核心在于它的灵活性和流动性。一个优秀的模特在走秀时，能够通过精准而流畅的胯部动作，展现出女性身体的优美线条，将服装的风格和特点进一步放大，从而吸引观众的目光。此外，胯部的动作还能够为整个身体带来活力，使模特的步伐轻快、有力。

针对胯部的训练，我们可以将其细分为四大部分，分别是提胯、顶胯、摆胯和绕胯。这四种练习方式要求模特以基本站立或分腿站立姿态开始，双手叉腰，以确保胯部动作的稳定性和准确性。

（1）提胯。提胯是胯部练习中的一种基础动作。它的目的在于让模特养成一个自然而又有力的行走习惯，保证在行走过程中胯部的稳定和均衡。这一动作看似简单，但在实际操作中却需要模特有足够的耐心和细致的观察。

操作方法：首先以左腿作为重心腿，确保全身的重量都稳定地落在左腿上。轻轻地抬起右脚的后跟，与此同时，右胯向上方提起。完成这一动作后，再将右胯平稳地放下，恢复到原始状态。此后，按相同的方法，以右腿为重心腿，抬起左脚后跟，并同时提起左胯。这一系列动作在练习中会不断地左右交替，反复进行。

（2）顶胯。顶胯涉及左右腿的有序交替和胯部的微妙动态调整，是一种高度协调和节奏感的动作。在实际训练时，左腿伸直，屈起右膝，同时向身体的正前方进行顶胯动作。接着，切换至右腿伸直，屈起左膝，再次顶胯。这样的左右交替练习，不仅能锻炼模特的协调性，还有助于培养其节奏感。

（3）摆胯。摆胯作为胯部练习中的一种核心动作，是每位模特都需要深入学习并完美展现的技巧。它不仅仅是为了呈现模特的风姿，更是为了确保步伐在 T 台上的流畅性和稳定性。摆胯的具体动作包括左腿伸直，屈右膝，同时向身体正左方摆动胯部；然后右腿伸直，屈左膝，同时向身体正右方摆动胯部。这一系列动作左右交替进行，要求模特在执行时必须保持平衡、确保身体其他部分的稳定，并与其他步伐动作和姿势完美结合。

（4）绕胯。绕胯实际上融合了前三种胯部动作，相对于其他动作来说，它的技巧性和复杂性都要高出许多。首先要将左腿伸直，稍微抬起右脚的后跟。接下来，提起右侧的胯部，并向身体的正前方顶出右胯。然后，将胯部向正右方摆动，再从后方绕回原位。在完成这一系列动作后，左胯同样需要进行相同的练习，使得左右两侧胯部的动作均匀、协调。

2. 手臂的摆动练习

手臂摆动的主要目的是维持身体的平衡，同时也增添了表演的美感。在练习起始阶段，模特需要处于站立姿态，双臂要自然弯曲贴于身体两侧。

（1）大臂（上臂）带动小臂（前臂）。肩膀是手臂摆动的"锚点"。在摆动过程中，肩膀需要保持相对静止，这样才能确保手臂摆动的稳定性。真正的动力来自大臂，它是驱动小臂和手的主要力量源。当大臂在身体前后摆动时，会带动小臂和手腕，形成一个连贯的动作链。这种动作与站立姿态中的手的动作是一致的，确保整体动作的协调性。手臂摆动的幅度需要适中。一般情况下，手臂在身体前后的摆动幅度是基本相等的，但在某些特定的表演中，前摆可能会大于后摆，以强调某种风格或情感。但无论如何，手臂的摆动都需要自然、流畅，不能显得生硬或刻意。

在整个摆动过程中，手随着手腕的方向动，手腕又随着小臂动，形成一个和谐的动作序列。为了确保整体效果，手腕不能脱离臂部而随意摆动。同时，手的摆动轨迹是擦着身体侧面的裤缝，这样可以确保动作的自然和协调。在摆动时，大臂与身体侧面的夹角约为30°。这个角度既能保证动作的美观性，又能确保模特的平衡。而大臂与小臂之间的角度约为160°，这个角度则是为了确保摆动的流畅性和自然性。

（2）只摆小臂。摆动小臂的核心在于主动减少肩膀和大臂的摆动幅度，将重点放在小臂的摆动上，形成一种独特的步伐韵律。只摆动小臂的方式需要模特保持肩膀展开，大臂顺着身体两侧贴近，整个手臂均匀地垂放于身体后方。这种姿态的选择不仅确保模特的腰背部展示得更为挺拔，还为小臂的摆动提供了更大的空间和自由度。肩膀和大臂在这种方式中的动作幅度被有意地控制在较小范围内，从而确保所有的摆臂动力都集中在小臂上。而小臂的摆动以肘关节为支点，前后自由摆动，形成流畅、有节奏的动作。

（3）内、外侧摆臂。内、外侧摆臂更多的是强调手臂摆动的方向。内侧摆臂，即手臂向身体斜前内侧摆动，呈现出"内八字"形态。这种摆动方式使手臂和身体更加紧密地结合，形成一种优雅、内敛的美感。模特身穿某些较为收紧或修身的服装时，内侧摆臂能衬托出服装的线条和身体的曲线，而外侧摆臂与内侧摆臂形成鲜明对比。手臂向身体斜前外侧摆动，展现"外八字"形态。这种方式使手臂摆动的幅度更大，给人一种开放、自由的感觉。特别是模特身着宽松、飘逸的服装时，外侧摆臂能够与服装的风格完美融合，为观众带来更为流畅、自然的视觉体验。

（4）不摆臂。不摆臂是一个在特定场合下选择的步伐辅助动作。这一动作练习要求将手臂垂直放置于身体两侧，双肩自然展开，手臂的位置稍微向后，在行走时保持静止。选择这种步伐辅助动作通常是为了突出某种特定的效果或感觉。例如，在对概念类服装的表演展示中，模特可能需要以一种非常特定和唯一的方式展示服装，这时候，任何额外的手臂动作都可能转移观众的注意力，此时便可以运用这种步法辅助动作。

（二）基本表演步伐的动作要领

1.初级训练法

许多新手模特在刚开始接受培训时，都急切地想要直接尝试穿上高跟鞋，完美地走出"一字步"。但事实上，直接尝试高难度的"一字步"可能会因为技巧不到家而导致摔倒或步姿不雅。对于初学者而言，选择开始时穿着软底鞋进行练习是非常明智的选择。软底鞋不仅为模特的脚部提供了足够的支撑和舒适度，还可以确保模特在练习时更容易找到身体的平衡点。在进行初级训练时，模特应双手叉腰，选择一条腿作为重心腿。当进行迈步动作时，首先要注意提驱动腿的胯部，使其带动大腿上升，然后继续提膝，使小腿跟随上升，脚尖应向前用力，同时保持脚部绷紧。当脚准备落地时，应注意摆动驱动腿的胯部，确保脚稳定落地。完成这一步后，模特应继续迈另一腿。

初级训练法的目的是帮助模特理解和掌握步伐的动作要领，将正确的步伐习惯融入身体的肌肉记忆，从而取代日常生活中的走路习惯。只有这样，模特才能真正理解走台步与一般走路之间的差异，并为未来穿上高跟鞋走T台做好充分的准备。

2.高级训练法

高级训练法是模特训练中的进阶课程，目的是使模特的步伐规范和自如。在这一训练阶段，女模特主要练习穿着高跟鞋的"一字步"和"交叉步"，男模特则主要练习"平行步"。

（1）"一字步"练习。"一字步"是指模特在走T台时，每一步的足迹都如同一条直线，两脚尽可能地保持在同一条线上，如图3-1所示。这种步伐要求模特的身体控制能力极强，因为需要确保在每一步行走中，腰、胯、腿都保持在同一直线上，这样才能确保步伐的流畅和稳定。练习"一字步"时，模特可以首先找一条直线作为参考，然后尝试将每一步的足迹都落在这条直线上。

图 3-1　"一字步"练习示意图

（2）"交叉步"练习。"交叉步"是一个具有挑战性但又美观的步姿。它要求模特在走路时，一脚跨过另一脚，形成交叉的动作，同时确保每一步都均匀、稳定，如图 3-2 所示。这种步伐能够展现模特的协调性、平衡感和身体控制能力。"交叉步"虽然在视觉上吸引人，但对于模特来说，它是高难度的步伐。首先，模特需要保持腰背挺直，确保身体的稳定性。其次，双腿交替移动，每一步都要确保脚尖指向前方，脚跟首先落地。最后，模特需要注意自己的腰部和臀部的动作，确保整个身体在移动时都能够保持流畅、自然的线条。

图 3-2　"交叉步"练习示意图

（3）"平行步"练习。"平行步"主要应用于男模特的表演中。与普通的行走方式不同，"平行步"要求模特在行走时，双脚始终平行，并且在前后移动中，双脚间的距离保持一致，如图 3-3 所示。这种步伐既能展现男模特的稳重与阳刚之气，也可以为服装带来更佳的展现空间。此外，为了确保"平行步"达到最佳效果，模特还需要特别关注自身的身体姿态。身体需要保持挺直，双肩放松，眼神前方，确保整体形态的协调与稳定。同时，双手自然摆动，与步伐相互呼应，形成步态律动。

图 3-3   "平行步"练习示意图

（三）特殊步态的表现

特殊步态并不常见于每一场服装表演，它常常是为了配合某种特定的主题或风格而被特别设计和选择的。这种步态在表演时，会与常规的走秀步伐产生鲜明的对比，从而强化表演的主题感和情感冲击。

1.光脚行走

光脚行走，简而言之，就是模特不穿鞋在舞台上展示。这种方式虽然少见，但在某些特定的场合，如海边、沙滩、田园风，甚至某些民族和传统文化的展示中，都会出现这种方式。光脚行走为观众提供了一种更为贴近大自然和人文的视觉体验，给予服装的展示一种与众不同的背景和环境。

由于模特是光着脚，整个脚底完全着地，与高跟鞋相比，所呈现的脚形可能并不那么美观。因此，模特在服装表演时需要注意脚部的姿势和脚下的力度。过于用力或重心偏低可能会使脚部的线条显得不够流畅、自然。同时，模特还可以尝试绷着脚，使脚尖稍稍离地，增加脚部的线条感。另外，直行时，保持两脚在一条直线上走，有助于维持身体的平衡，避免摇摆。

2.踮脚行走

踮脚行走是在光脚行走的基础上，进一步增加了难度的行走方式。不同于常规的步伐，踮脚行走的难点在于，整个身体的重心都集中在脚掌上，这意味着模特需要有很强的平衡感和身体控制能力。同时，要求模特在行走过程中保持身体的稳定，避免因为重心不稳而导致摇晃，确保身体在移动中始终保持流畅、稳定的状态。

在服装表演中，虽然踮脚行走并不常常出现，但在某些特定的场合，如模特比赛中的泳装展示环节，这种步态就显得尤为重要。在这种场合，模特需要光脚行走，而踮脚行走恰好可以帮助模特展现优美的腿部线条。因为当脚后跟抬起时，腿部的曲线会更加突出，使整个腿部显得修长和匀称。

3.跑跳步

跑跳步是一种动态、活跃且充满活力的步伐方式。不同于普通的走秀步伐，因为它融合了跑和跳两种动作，旨在通过较大的移动范围和速度展示服装的灵活性和自由度。这种步伐方式常常用于展示轻盈、飘逸或具有运动风格的服装。

进行跑跳步的训练时，模特需要注意以下几点：

（1）身体的平衡。跑跳步要求模特在快速移动的同时，保持身体的平衡。这需要模特有足够的核心力量和稳定的身体控制能力。

（2）动作的连贯性。跑和跳的结合需要非常流畅，不能有突兀的感觉。模特应该确保每一次的跳跃都是自然的，与前后的步伐融为一体。

（3）脚下的力度。跑跳步不是简单地在T台上奔跑，而是要掌控每一步的力度，确保每次的跳跃都是轻盈的，不会给观众带来沉重的感觉。

4.上下台阶

台阶，作为T台设计中的一个常见元素，旨在为整个展示创造高低变化，增添层次感与视觉冲击力。但对于模特来说，上下台阶需要格外小心，尤其是当她们穿着高跟鞋或拖尾礼服时。一个不小心，便可能导致摔倒或踩到裙摆，影响整体的表演效果。

上台阶时，模特须确保身体挺直，面部表情自然，双手自如地摆动。

脚步应该放轻，使其与台阶完全接触。当走到台阶顶端时，模特应利用这一高度优势，展现自己最佳的站立姿态，为观众展现服装的全貌。而下台阶时，重心需要往前倾，但不能过于明显。每一步都要确保脚跟先落地，再是脚尖，这样才能保持身体的平衡。同时，手臂的摆动要与脚步保持协调，以增强身体的稳定性。

第二节　定位训练与转身训练

一、定位训练

模特在服装表演过程中所处的具体位置称为"定位"。模特的定位并不是一个固定的点，而是一种动态的过程。在整场服装表演中，模特会根据服装的特点和舞台布局的需要进行多次定位。

（一）亮相

亮相，代表着模特在短暂的停顿期间展现的姿态，是服装表演的关键时刻。一个成功的服装表演需要模特在台上的亮相动作和动作衔接都做到自然协调、恰到好处，不矫揉造作。

1.脚位练习

脚位练习主要目的是让模特熟练掌握各种站立和移动的技巧，使其在表演时能够自如地展示服装，同时保持优雅、稳定的姿态。腿部作为支撑整个身体的关键部位，其摆放的位置和动作往往直接决定模特的站立和移动方式。当模特站立时，通常会将身体的大部分重量集中在一条腿上，这条腿被称为"重心腿"。重心腿的存在意味着模特可以轻松地调整另一条腿的位置，这条可以自由摆动的腿被称为"驱动腿"。图3-4为脚位练习的几种类型。

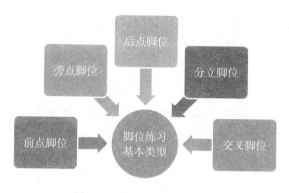

图 3-4 脚位练习基本类型

（1）前点脚位。前点脚位，又被称为丁字定位，是女性模特的经典走位之一。在实际操作中，模特需要确保双腿交叉，一只脚的脚尖指向前方，另一只脚的脚跟与之平行，形成一个与地面垂直的"丁"字形。这种站立方式既能展现女性模特纤细的腿部线条，又能让衣物得到更好的展示。在国内的服装表演中，前点脚位广受欢迎。尤其当展示民族类服装或高雅的晚装时，模特常常选择此种脚位。

对于前点脚位的重心位置，其主要集中在后腿上，使得前腿在此站位时只需轻轻点地。模特这样的站位能够为观众带来一种轻盈、优雅的视觉效果，也使模特在转身或移动时灵活。但要掌握这一站位，细节是关键。在两脚之间的角度与距离设置上，须确保前脚的脚跟正好位于后脚的脚中处。这样的布局不仅能保证站位的稳固性，还能使模特的身体线条看起来更加流畅、和谐。此外，关于膝盖的位置，可以选择直立或稍微弯曲。若选择弯曲，角度控制在135°左右为佳，这样能确保整体站位的协调性与美观度。胯部的曲线在女模特的前点脚位中是非常关键的。适当的胯部曲线不仅能够突出女性的身体曲线美，还能使服装在模特身上的呈现更加吸引人。正因如此，训练中需特别注意胯部曲线的把握，确保其既不夸张，也不平淡。男模特的前点脚位与女模特则有所不同。男模特在站位时，两脚之间的距离不能过于接近，这样不仅能够保证站位的稳固，还能使男模特的整体形象阳刚、有力。

前点脚位有几种常见的变化，这些变化可以应对不同的表演需求。

①左腿为重心腿，右腿在前，膝盖伸直，不移胯。这种脚位让模特展

现出稳重和大气的形象，适合正式和高级的服装表演场合。此外，这种脚位也有助于模特更好地控制身体的平衡，防止因为高跟鞋或其他原因导致摔倒。

②左腿为重心腿，右腿在前，膝盖微屈，不移胯。这种脚位比第一种要稍微随意一些，适合轻松和休闲的服装展示。膝盖微屈给人一种轻松和自在的感觉，让人觉得模特在享受表演，而不是受到束缚。

③左腿为重心腿，右腿在前，膝盖内屈，左移胯。这种脚位更具有动感和活力，适合年轻和时尚的服装表演。内屈的膝盖和移动的胯部可以让模特展现出更多的动态美，与活泼的音乐和节奏相得益彰。

反方向的脚位与上述三种相似，但方向相反，需要模特根据实际情况和场合进行选择和切换。

（2）旁点脚位。旁点脚位的特点在于其随意性与可变性，它可以根据不同的服装类型进行微调。无论是休闲装、职业装、泳装，还是概念类服装，都可以通过旁点脚位为其增添独特的魅力。

在训练中，旁点脚位的关键是掌握两脚之间的距离。为了达到最佳的视觉效果，这一距离不宜过窄，也不应超过肩宽。正确的步伐需要模特以一条腿作为重心，脚尖稍微向外旋开，另一腿则呈虚步状态，轻轻点地，脚跟微微上翘。而膝盖的走势则更为灵活，既可以向内弯曲，又可以向外伸展，根据具体的展示需求和服装风格来调整。同时，随着重心腿的转换，胯部会相应地扭动，为整体的步伐增添了动感和韵律感。每一次的脚位移动都需要与服装的风格和款式相匹配，以确保整体的协调性和视觉吸引力。

旁点脚位具有几种基本的变化，每一种都根据不同的场景和服装风格进行调整，以达到最佳的呈现效果。

①左腿为重心腿，右脚在旁点地，这种脚位要求两脚距离与肩同宽，保持膝盖伸直，脚尖朝向前面轻轻地触碰地面，同时，要微微左移胯。此种姿态旨在呈现模特的稳定性和均衡，使服装的流线明显。

②左腿为重心腿，右脚在旁点地。但两脚的距离要窄于肩宽，使得右腿的膝盖能够轻易地掩住左腿的膝盖。脚尖仍朝向前面轻触地面，并且微微左移胯。这种站位更侧重于展现模特的修长腿型和服装的线条。

③左腿作为重心腿，右脚旁点地。不同之处在于，右膝盖须轻微弯曲，朝向侧面，而脚掌完全触碰地面，脚跟抬起。这样的站位为服装带来更多的活跃感，展现出模特的活力与服装的动态美感。

反方向的旁点脚位，亦即右腿作为重心腿，与之前的操作类似，只是方向相反。

（3）后点脚位。后点脚位要求模特的重心腿在前，而驱动腿则位于身体后侧。这种站位的特点是脚尖点地，使得模特看起来仿佛是处于虚步的状态。这样的姿势不仅美观，而且对于特定的裙装，如长裙或飘逸的丝质裙装，能够更好地展现其飘逸和轻盈。然而，后点脚位所带来的一大挑战是身体的平衡。由于重心位于前方，模特的身体自然地产生了前倾的姿势。为了避免摔倒或出现不稳定的情况，模特需要采取相应的措施来确保自己的稳定性。双手叉腰的动作便是常用的策略。通过叉腰，模特可以更好地控制自己的重心，确保在展示服装的过程中，身体始终保持稳定。

考虑到不同的服装风格和展示需求，后点脚位又有着若干变化，每种变化都有其独特的特点和应用场景。例如，当左腿为主力腿，右脚位于左脚后跟的延长线上时，脚尖轻轻点地，膝盖保持伸直状态，左侧前顶胯。这种站位给人稳重且自信的感觉，非常适用于展示正式、严肃或经典的服装款式。而当左腿仍然作为主力腿，但右脚稍稍向右侧移动，脚掌内侧点地，膝盖伸直，左侧移动胯时，这种站位显得更为轻松自如，给人随性、自在的感觉，适用于展示休闲、轻松或青春的服装款式。

反方向的站位与前述站位原理相同，只是方向相反，同样能够展现出不同的风格和氛围。

（4）分立脚位。分立脚位是其中一种常见而基础的站位方式。这种站位要求模特双腿自然分开，与肩同宽，使身体重量均匀分布在两腿上。与此同时，脚尖应指向前方，确保双腿的线条看起来更直、更有力量。这种站位方式为模特提供了稳固的支点，使其在走秀过程中稳定。

分立脚位并不是简单地将脚放到肩宽的距离。若想真正做到分立脚位，还需注意以下几点：身体重心应位于双腿之间，不偏向任何一侧；膝盖应微微弯曲，但不应过分，以免影响腿部线条；腿部肌肉应保持紧致，但上半身需放松，确保整体姿态的协调与和谐；双脚与地面接触的部分应为全脚掌，确保更好的稳定性。

分立脚位有多种变化，例如，当两脚尖向内侧相对，两膝盖也同时朝向内侧时，这种分立脚位通常适合表现童装或活力装。这种站立方式展现了青春、活泼的氛围，使模特看起来更加年轻和有活力。对于童装来说，这种站立方式更加凸显了童真和无忧无虑的特点，使整个展示更加符合童装的设计理念。另一种变化是两脚尖同时朝向一侧，这种站立方式给人动感和流畅的视觉效果。当模特的两脚尖朝向同一方向时，其身体的重心也会随之转移。这种转移不仅为模特的走位提供了更多的变化，还为服装展示提供了更多的空间。这种站立方式通常用于展示一些具有动感和流线美的服装，如泳装或舞台装。

（5）交叉脚位。交叉脚位的技巧在于重心控制。模特需要将整个身体的重心稳定在一条腿上，并确保身体直立。这需要强大的腿部力量和出色的平衡感。另一条腿与重心腿交叉，脚尖指向前方，形成一种流畅、自然的线条。这样的站位不仅要求模特具备高超的技能，还要求与服装的款式、风格相协调，使得整体效果和谐、出彩。

当腿经过身体前侧交叉时，模特可以选择全脚着地、脚尖点地、脚掌着地或脚外侧着地。这些不同的方式会为模特的站位增加不同的风格与韵味。而当腿经过身体后侧交叉时，选择脚尖点地或脚掌着地也会给予观众不同的视觉效果。每种方式都有其独特的魅力，能够为服装表演带来不同的视觉冲击力。

2.手位练习

模特的手位不仅可以为服装增加立体感，也可以为模特的整体气质加分。不同的手位会给观众带来不同的视觉冲击，更有可能成为服装表演的亮点。

（1）常规手位。常规手位要求模特的手臂自然垂放于身体两侧，伴随手指自然、放松并伸直。这种简单的姿势，在实际的表演中起到了平衡身体、呈现服装和创造自然流畅感的作用。对于男模特而言，松拳状的手形更能增添他们的阳刚之气，同时也确保了手臂的动作不会僵硬或不自然。手臂的摆动应与身体的动作保持一致，形成和谐的动作流线。当身体移动时，手臂自然摆动，为步态增添了优雅和流畅。但是，当模特定位亮相，展示某一特定服装元素时，手臂和手的位置变得关键。这时，手应该自然停在身体两侧，而不是僵硬的固定状态。另外，手指的放置也应避免过于刻意地摆动，而应更多地依靠手腕的自然引导。

（2）叉腰手位。双手叉在腰上的时候，手位的具体方向可以有所变化。可以选择虎口朝上或朝下。但无论选择哪种方向，重要的是确保姿势的稳定性和整体的协调性。女模特在叉腰时，手腕的下沉使得姿势更显优雅且婉约。而手的位置也非常关键，要确保双手正好在腰部，这样不仅可以展现出模特的身体线条，还能够确保姿势的舒适性。男模特在进行叉腰动作时，他们的手腕不能像女模特那样折曲，而手指也要尽量保持自然，不要弯曲。这样可以更好地呈现男性的坚毅和稳重，同时确保双手的放置位置不会破坏模特的整体形象。

叉腰手位有四种常见的姿势，具体如下：

①正手叉腰，这一手位的特点是虎口朝上，四指舒展地放在腰的前侧，而拇指则位于腰的后方。这种姿势呈现出的是自然、随意的状态，很适合休闲、自如的服饰展示。

②反手叉腰，与正手叉腰相反，拇指在腰前，四指在腰后。此手位具有轻松自信的感觉，同时也带有非传统的挑战性，尤其适合展现具有创新与个性的服装设计。

③拳叉腰，如其名，是手握成拳叉在腰上，手背朝前。这种动作带有力量与决断，为模特赋予了强烈的存在感，非常适合强调服装的力量与决断特点，如职业装、军旅风格等。

④手贴腰，这是柔和和优雅的手位。手打开，手背紧贴腰部，手指尖朝下。双手可以选择在身体的两侧，或是身体的后面。这种手位更多地用在展示女性的婉约、高雅风格的服饰中。

（3）交叉手位。交叉手位是众多手位中的一种独特形式，通常用于呈现休闲和充满活力的服装，或是需要进行情景式表演的场合。通过把两只手在身体前侧或身体后侧交叉，模特可以轻松地展现出随意而自在的气息，为休闲服饰增添了几分轻盈与自由。不仅如此，这种手位在某些特定的服装展示中还能增强整体造型的线条感。交叉手位有手臂交叉、手交叉、手指交叉三种形式。

交叉手位的基本形态为小臂交叉。这种手位并非手臂随意叠放，而是有其特定的技巧和要求。双手臂自然伸展，放置在体前，而其中一只手臂优雅地置于另一只手臂上。重要的是，这种交叉并不固定于小臂的某一部分，可以根据模特的身体比例和服装的风格，在小臂的任意位置进行交叉。此外，手指的状态也不可忽视。为了确保手位的美感，手指需自然打开并伸长，避免显得僵硬或过于紧张。

手交叉是一种基础且常见的交叉手位。这种手位要求模特将双手臂自然舒展并放于体前，接着一只手的手心搭在另一只手的手背上。根据服装设计和展示需求，交叉点可以设置在手背上，为展示手部细节和饰品打造更佳视角；同时，也可以在身体后侧交叉，为身体线条注入更多的流畅感。

手指交叉要求模特将双手臂自然地舒展并放于体前，然后让两手指交叉。根据服装和表演情境，模特可以选择手背朝上或手心朝上的方式。而身体后侧交叉的手指交叉手位，可以为背部线条和背部设计的服装注入更多的魅力。

（4）展开手位。展开手位是手位练习中的一种重要手法。这一手位要求模特双手臂在身体两侧展开，同时肘关节需保持微弯的状态。这种展开但微弯的手臂可以使模特展现出自然、流畅的姿态，既不显得僵硬，又不显得放松。此外，手心朝上，中指稍抬起与拇指相对，构成了一种优雅的手势，能够增添模特的风度。当然，根据具体的表演需要，手心也可以朝下，为表演带来更多的变化和灵活性。在服装表演中，手位的选择和使用与服装的类型和特点密切相关。例如，男模特在展示民族类服装时，常会选择使用展开手位。因为这种手位不仅能够突出服装的特色，还能够为表演增添民族风情。

3. 头位练习

在服装表演中，模特不仅仅是衣服的载体，还承载着表演的情感与故事线索。其中，头部的动作和位置具有决定性的重要性。考虑到观众在服装秀中对模特的关注，头部和面部形象几乎与服装齐名，作为焦点的一部分。因此，头位练习对于模特来说显得至关重要。

正面头位是最基本的头位。模特身体面向前方，头部和眼睛也正对观众。这种头位给人一种坦然、自信的感觉。它为模特提供了一个稳定的基准，使模特可以根据需要进行微小的调整，但仍保持身体的稳定性。45°角头位是另一种常用的头位。虽然头部稍微转动，但身体的朝向并没有改变。这样的头位为模特提供了更多的机会展示脸部的侧面，增加了动态感。同时，保持眼神不变是重要的，它确保模特的表情与动作是一致的，不会给观众带来困惑。侧面头位则完全转向了身体的侧面，下巴与肩膀保持在同一水平线上，而眼睛也转向了身体的侧面。这种头位提供了更多的机会展示脸部的轮廓和侧面，为观众带来了全新的视觉体验。除了左右转动外，头部的朝向还可以向上和向下变化。仰头和低头为模特提供了更多的表达空间。仰头可以展现模特的颈部线条，增加其身体的流畅感。而低头使模特显得内敛和沉思，为服装表演增添神秘感。

4.躯干练习

躯干作为人体的核心部分，直接关系模特的整体形象和气质。在服装表演中，躯干的稳定性和灵活性都对模特的亮相产生深远的影响。因此，进行专业的躯干练习，不仅有助于提高模特的站立和走秀质量，还能够增强模特的自信。

在躯干练习中，掌握正确的姿势是基础。模特需要站立在平坦的地面上，双腿自然分开与肩同宽，腰部微微收紧，胸部向前挺起，肩膀放松下沉，双手自然垂于体侧。这样的站立姿势能够确保躯干的稳定性，并为后续的动作打下坚实的基础。同时，模特开始进行扭转练习。在保持上述基础站立姿势的基础上，缓慢地将上半身向左侧旋转，尽量使腰部感受到扭转的力量，持续几秒后，再缓慢地回到原始位置。重复该动作，再向右侧旋转。此动作能够提高躯干的灵活性，增强腰部的扭转能力。

除了扭转，前倾和后仰也是躯干练习的重要部分。在前倾时，模特需保持双腿不动，仅用腰部的力量让上半身向前倾斜，直至感到腹部的拉伸。而在后仰时，同样保持双腿不动，仅用腰部的力量让上半身向后仰，直至背部感到拉伸。这两个动作旨在锻炼模特腰部的前后弯曲能力，提高其亮相时的稳定性和流畅性。为了进一步加强躯干的练习，模特还可以使用道具，如瑜伽球或平衡垫。这些道具可以帮助模特更好地找到身体的平衡点，提升躯干的稳定性，同时增加练习的难度，从而更好地锻炼腰部的力量和灵活性。

5.形体线条练习

在形体线条的练习中，模特要学习如何运用自己的身体来塑造不同的线条效果。这需要深入理解每种线条呈现的视觉效果，并通过日常训练来不断地熟练掌握。

曲线型练习是模特形体练习中的基础。这种线条通常与柔和、优雅的风格相对应，特别适合展示女性化或浪漫的服装。模特在进行曲线型练习时，可以从简单的躯干侧身开始，注意将腰部微微前倾，胸部轻轻开展，同时保持脚位的稳定。此外，手部也要有所动作，可以轻轻地摆动，形成一条自然的曲线，与身体的其他部分相协调。

垂线型练习要求模特展现出直立、挺拔的姿态，非常适合正装、职业装等类型的服装。在练习中，模特需要保持腰背挺直，脚尖指向地面，手臂自然垂下。同时，模特要保持脚位平行、头部挺直，确保从头到脚都成一条直线。

折线型练习是比较复杂的，要求模特展现出断断续续、有起伏的线条。这种线条可以为观众带来视觉冲击，适用于表现先锋派或未来派等类型的服装。在进行折线型练习时，模特可以通过变化躯干的角度、调整手位和脚位，来创造出各种不同的折线效果。

无论是哪一种线条练习，都要求模特有足够的耐心和毅力。只有通过不断地练习，模特才能真正掌握这些技巧，并在真实的服装表演中展现出完美的效果。每一次的练习，都是为了让模特在 T 台上更加自信、出色，为服装增添无法复制的魅力。

（二）造型

服装表演不仅是关于服装，它还涉及模特如何将这些设计与她们的身体、表情和气质相结合，使整体效果更为出色。这就是定位训练中造型部分的核心。造型定位不仅仅是为了展示服装的最佳效果，更是为了确保模特以最为突出的方式展示自己的特点和优势。

1.平衡法群体造型

平衡，作为艺术表现手法中的核心概念，对于服装表演造型有着不可或缺的意义。在设计与展现中，平衡反映了对立元素在数量或质量上的均衡和谐，创造出宁静、均衡的视觉感受。

平衡法群体造型在服装表演中主要关注如何通过各种设计手法使得表演者在 T 台上展现出和谐而统一的效果。这种和谐不仅仅是外观上的，还涉及模特与服装、模特与模特之间的相互关系。当每个模特的造型和整体的主题相互呼应时，平衡法群体造型的魅力便得以完美展现。当谈及数量或质量的平衡时，不仅仅是指模特的数量或服装的款式，更多的是强调在颜色、线条、材料和款式之间找到均衡点。例如，如果某一款服装颜色艳丽，那么与其匹配的模特的妆容和发型可能会低调，以保持整体的平衡感。反之，如果服装设计简单，那么模特的妆容和发型就可以夸张，使得整场表演达到和谐的高潮。在实际的服装表演中，平衡法群体造型的运用可以带给观众深度和广度的艺术体验。它让观众不仅仅是欣赏模特和服装，更是体验到了整体的艺术构想，一种对于平衡、和谐的追求。

2.节奏法群体造型

节奏法群体造型主要是指在群体中，每一个模特的动作和造型都与其他模特形成节奏上的统一。这种统一不仅仅是在时间上，更多的是在动作和形态上。通过精心的编排，确保每一个模特的动作和造型都能与其他模特形成和谐的统一，从而使整个群体的表演达到高潮。

与传统的群体造型不同，节奏法群体造型更加注重动态的变化。每一个模特的动作和造型都是在不断的变化中，而这些变化又与其他模特的动作和造型形成和谐的统一。这不仅要求每一个模特都有出色的动作控制能力，还要求整个群体能够形成高度的默契。为了实现节奏法群体造型，模特在训练时，除了对自己的动作和造型进行反复的练习外，还要与其他模特进行大量的合作训练。通过反复的练习，使每一个模特都能够熟练掌握自己的动作和造型，并与其他模特形成默契。

3.比例法群体造型

群体造型的比例法不仅涉及视觉上的和谐与均衡，更是为了使观众获得最佳的观赏体验。合理且有创意的比例构造可以让整体效果更显得有层次和深度，令人过目难忘。

（1）黄金比例法。黄金分割被普遍认为是最具美感的比例，其理念源自自然界的和谐。当将一线段分为两部分时，其长度与总长的比值达到 0.618 时，就实现了黄金分割。这被认为是最为和谐自然的，能够引起人们的共鸣和赞赏。服装表演，特别是在 T 台上的表演，不仅仅是展示衣物，更是一场对美的追求和呈现。在这样的场景下，模特的定位、动作和展示都需要考虑比例与和谐。在伸展台上，如果需要模特停留，那么在伸展台的 3/4 或 5/8 位置选择为其停留点会是明智之举。这种定位既能确保模特在台上的分布均匀，也能使整个画面和谐，具有吸引力。

（2）等份比例法。等份比例法是一种常用的群体造型方法，强调的是在模特定位和分布上达到均衡、和谐。它要求在进行群体造型时，将所有的模特均分成两个或更多的部分。这种方式有助于观众在观看表演时，能够清晰地识别出每一组模特，并轻松地从整体中感受到表演的主题和氛围。以多层台阶定位造型为例，等分比例法要求每一层台阶上站立的模特数量应当是相同的。这种平均分布不仅能够确保每一层台阶都有足够的关注点，而且可以避免因为模特数量的不均匀分布导致的视觉混乱。观众可以轻松地将注意力集中在每一层台阶上，而不会被分散或者被某一层特别吸引。此外，等分比例法还为服装表演带来了稳定感和整体感。当模特以均等的数量分布在台阶或舞台的不同部分时，观众能够感受到整个表演的平衡与和谐。这种平衡的视觉效果有助于强化观众对表演主题的理解和接受。

（3）渐变比例法。渐变比例法的核心在于间距的调整。不同于普通的等间距排列，它要求模特的间距依次扩大或缩小，以此产生一种动感。这种动感，就像一首曲子的高潮与低谷，或是一幅画的明暗交替，给人一种起伏、变化的感觉，使得服装表演更具吸引力。

横向的渐变比例法强调模特从舞台的一侧到另一侧的流动。通过调整模特之间的距离，可以呈现出宽广的空间感。这种空间感不仅使服装更为醒目，还能为整个表演带来广阔的视野。纵向的渐变比例法则是从舞台的前端到后端进行的。当模特从前到后逐渐展开时，这种造型方法可以为观众带来深度的视觉体验。通过深浅的对比，可以强调服装的层次感和空间感。斜向的渐变比例法则是介于横向和纵向之间的方法。它结合横向的宽广感和纵向的深度感，为服装表演带来了更为复杂和丰富的视觉效果。斜向的流动不仅可以强调服装的设计，还能为整个表演带来动态的节奏。

二、转身训练

转身在模特服装表演中起到了桥梁的作用，它连接着走台和造型，使整场表演更加完整和流畅。若想完成一次完美的转身，模特需要对技巧进行深入的学习和实践，确保每一次转身都能够为服装增添光彩。

（一）上步转身与直接转身

1.上步转身

上步转身的技巧在于脚步的灵活性与身体的流畅转动。这一动作以右脚在前的前点脚位为起始。转身时，左腿作为重心腿，起到稳定身体的作用，而右脚则作为驱动腿，负责推动身体进行转动。在开始转身时，模特需要抬起右脚向前迈出一小步。重要的是，此时需要迅速且平稳地将重心转移到右脚上。随后，左脚跟进，其移动路径需沿着右脚内侧画出一道美丽的弧线，使身体向右侧流畅转动。当左脚与右脚尖对齐时，重心需要再次迅速转移到左脚上，以确保平衡。在完成脚步转身的同时，上半身的转动也起着关键作用。模特需要转动右脚掌和右脚跟，确保与下半身的动作同步。接下来，头部和肩部随之向右侧转动，使上下半身在转动中保持同步和协调。完成这一系列动作后，模特的身体应完全转向背面，面朝后方，并做好前点定位准备，为接下来的表演步伐做好铺垫。上步转身看似简单，其实涉及诸多细节和技巧。每一个小动作都需要模特反复练习和磨炼。一个成功的上步转身，不仅可以增加表演的流畅度，还可以展现模特的专业技能和对服装的展示能力。

上步转身可以进一步细分为不同的类型和变化，根据模特的起始姿势、转身方向和目标脚位进行区分。

（1）旁点脚位的上步转身起始于左腿作为重心腿，而右腿作为驱动腿。模特在执行此动作时需抬起右脚并向前迈出，接下来的转身动作保持不变。完成转身后，可能出现的站位为右脚在前的前点脚位，也可能是旁点脚位。

（2）后点脚位的上步转身则是以左腿作为重心腿，右腿为驱动腿开始。此时，模特需要迈出较大的步子，完成上步转身后，其站位呈现右脚在前的前点脚位。

（3）分立脚位上步转身的执行则较为特殊，需要模特先将重心转移到一条腿上，形成旁点脚位。接下来的转身动作与旁点脚位的上步转身相同。

（4）交叉脚位的上步转身是在左腿作为重心腿，右腿作为驱动腿的基础上开始。模特在此过程中须抬起右脚并向前方迈出。完成转身后的站位与上述类似，均为右脚在前的前点脚位。

无论采用哪种脚位进行上步转身，都应注重驱动腿的抬起和迈出动作。而这一动作的方向应当始终朝向身体的中轴线正前方。不同的脚位在执行时，其迈步的步幅大小有所不同，但最终目标相同——展现流畅、优雅的转身动作，完美展示服装的风格和线条。

2.直接转身

转身看似简单，但每一个细节都需要模特反复练习和磨炼。正确的技巧和身体协调性是实现完美转身的关键。在T台上，一个成功的转身不仅可以展现模特的技巧和魅力，而且能够为服装增添独特的艺术价值。因此，直接转身的训练对于每一位模特来说，都是必不可少的。

从右脚在前的前点脚位开始，左腿作为重心腿，提供稳定性，而右腿则是驱动腿，负责发力并带动身体转动。开始转动时，模特先向身体的左侧发力，右脚脚掌轻轻转动，为转身创造了初步的动力。随后，左腿接过动力，左脚脚掌随即转动。在这一连串流畅的动作中，头部和肩部的转动也至关重要。它们的转动不仅为身体提供了平衡，还使模特的身体形态更为和谐、优美。经过这一系列动作后，模特完成了向左的直接转身，身体的后背朝向前方，面朝后方，准备进行接下来的表演步伐。直接转身也可以向右进行。准备姿势不变，左腿继续作为重心腿，提供稳定性。在进行右转时，模特需要以左腿为轴，驱动右脚进行转动。随后，左腿也随之向右旋转，整个身体完成一个流畅的转向。在完成转身后，模特的身体呈现右脚在前的前点脚位，其他动作保持不变。

在直接转身中，还存在一些变化，以应对不同的表演需求和场景。

（1）以旁点脚位准备的直接转身。在这一动作中，左腿作为重心腿保持稳定，而右腿则作为驱动腿提供转动的力量。开始转身时，模特首先以左腿为轴，迅速地转动右脚，随后马上带动左脚向右转动。完成转身后，模特会立即进入表演步伐，继续行走。

（2）以后点脚位准备的直接转身。这种转身的步骤与前者相似，但在开始转身前，模特的脚位与前者有所不同。同样，左腿作为重心腿，而右腿作为驱动腿。模特以左腿为轴迅速地转动右脚，然后带动左脚向右侧方向完成转身。转身结束后，模特会迅速地进入接下来的表演步伐。

（3）以分立脚位为基础的直接转身，起始时要确保模特的两腿分开站立。关键在于重心的转移，这样才能确保转身过程中的稳定性。一旦重心成功转移到一侧腿上，并呈现旁点脚位，模特便可以继续后续的动作，与标准的旁点脚位动作相似。这样的转身方式适合宽松或带有裙摆的服装，因为这种服装在转身时容易展示出流动的线条美。

（4）以交叉脚位为基础的直接转身，则要求模特将左腿作为重心腿，右腿作为驱动腿。在此基础上，模特需要迅速且稳定地向身体的左侧转动右脚的脚掌，接着是左脚的脚掌。完成转身后，模特会呈现出左脚在前的前点脚位，背部面向前方，而面部朝向后方，为下一步的表演步伐做好准备。此外，模特也可以选择将左脚向右侧转动，并驱动右脚同样向右侧转动，完成转身后再接入表演步伐。

（二）插步转身与退步转身

1.插步转身

从站在旁点脚位开始准备，左腿作为重心腿，为整个身体提供稳定性和支持。而右腿作为驱动腿，在插步转身中起到至关重要的角色。当右腿朝向左腿外侧方向迅速插步时，两腿瞬间形成交叉的姿态。此刻，两腿之间分担着身体的重心，这种平衡感是这个动作的关键。接着，模特的身体开始向后转动。有趣的是，转动并不是同时发生在身体各个部位的。起初，是两脚开始旋转，如同舞蹈中的技巧一样，确保地面的稳定接触。随后，头部和肩部也开始跟随转动。这样分段的转动方式不仅可以确保转身的流畅性，而且有助于避免因突然的动作而产生的摔倒风险。转身完成后，模特的身体将朝向背面，呈现出一个新的旁点脚位。这是一个很好的机会，让观众可以从不同的角度欣赏模特的站立姿态和身上所穿的服装。之后，模特会继续表演步伐，流畅地返回原位或前进到下一个表演位置。

插步转身不仅仅是一个技术动作，它在服装表演中也扮演着重要的角色。通过这样的转身，观众可以从不同的视角看到服装，更好地欣赏服装的细节和动态效果。此外，插步转身还是模特展现自身技巧和风格的机会，能够增强表演的吸引力。

2. 退步转身

以旁点脚位作为起始姿势，左腿作为重心腿，提供支撑，而右腿作为驱动腿，负责驱动身体的转动和移动。右腿开始向后退半步，紧接着，左腿也向后退半步。关键在于，当右腿再次向后退时，模特须迅速转动身体向右侧，同时，头部和肩部也要跟着转动。这样，当身体完成转身后，模特就可以面对背面，继续进行下一步的表演步伐。这一转身动作在男模特的表演中应用较多，原因在于其所呈现出的力量感与男模特的气质相契合。在退步的过程中，男模特更多地采用平行步，这样可以使其步伐看起来稳重和有力。而女模特在退步转身时，则会选择两脚踩在一条直线上的方式，这种方式可以展现女模特的身段和轻盈。退步转身不仅是一种技巧，也是一种艺术表现形式。模特在退步转身的过程中，不仅要确保步伐的准确和连贯，还要确保身体的每一部分都与服装相得益彰。只有这样，才能确保整个表演的完美和协调。

退步转身包括多种具体变化，每一种变化都有其特殊的姿态和表现，需要模特进行专业训练并进行反复实践。

（1）以前点脚位准备，左腿为重心腿，右腿为驱动腿，其他动作不变。这种变化是基于前点脚位的，这意味着模特的身体重心位于左腿上，而右腿作为驱动腿，发挥推动作用。这种方式要求模特在进行转身时，能够确保身体的稳定性和均衡性。转身时，展现的是服装的正面效果，因此模特需要确保在这一过程中，身体的每一个细节都要完美。

（2）以后点脚位准备，左腿为重心腿，右腿为驱动腿，其他动作不变。这是另一种常见的退步转身方式。它与前点脚位的主要区别在于起始位置。模特需要将身体重心转移到左腿上，右腿作为驱动腿进行转身。这种方式更考验模特的身体控制能力和协调性，因为在转身过程中，模特需要确保身体的后部尽可能地与观众保持一定的距离，以便展示服装的后视效果。

（3）以分立脚位准备，首先转换重心到一条腿上呈旁点脚位后，其他动作不变。分立脚位是两腿分开站立，模特需要在转身前先调整身体的重心，确保其稳定。这种站位方式要求模特有出色的平衡能力。

（4）以交叉脚位准备，左腿为重心腿，右腿为驱动腿，其他动作不变。交叉脚位意味着模特的两腿交叉站立。这是退步转身中的高级技巧，因为它要求模特在有限的空间内完成转身动作，还考验其对服装的掌握程度。

（三）180°转身与360°转身

1.180°转身

以右脚在前的前点脚位开始，此时左腿作为重心腿，提供稳定性和支撑；右腿则作为驱动腿，发挥引导和推进的作用。这种准备姿势已经预示了即将发生的动作，为观众提供了预期，增强了表演的吸引力。当模特开始转身时，右脚在身体的前、后进行点地，为转身提供动力和方向。这个动作不仅需要腿部的力量和协调，还需要腰部和上半身的配合。特别是头部和肩部，它们的转动方向和速度都会影响转身的效果和美观度。在完成转身动作时，模特的头部和肩部应与腿部动作同步，确保整体动作的流畅和协调。转身结束后，模特的身体姿态呈现为左脚在前的前点脚位。这种姿势与开始时的姿势恰好相反，表明转身已经完成了一个完整的180°。面朝前方，为接下来的表演动作做好了准备。

这种180°转身动作虽然只是服装表演中的一小部分，但其对于整体表演的重要性不可忽视。它不仅可以展示服装的正面和背面，还能为观众提供一个全新的视角，增加表演的变化和趣味性。同时，这种转身动作也考验模特的身体协调性和训练水平。

2.360°转身

服装表演中的360°转身，是模特经常使用的技巧，特别是在展示裙摆较大的裙装时。这种转身方式，不仅能够充分展示裙装的优美线条和飘逸裙摆，还能够为服装增添活泼和动感，使其在T台上更具吸引力。

在进行360°转身时，掌握正确的技巧至关重要。模特在前行的过程中，需要选择合适的位置开始转身，这通常是在台中的某个点。重心腿作为轴心，保持稳定，并在原地迅速转体一周。为了确保转身流畅和优雅，模特需要确保身体的重心始终保持平衡，避免因为重心不稳而导致摇晃或失去平衡。双眼在转身过程中的动作也十分关键。从开始转身的那一刻开始，模特需要始终注视前方，直至转身到一定角度，前方不再可见。这样，可以确保在转身过程中，模特的表情和眼神始终与观众保持互动，增强互动性和吸引力。而当转体一周后，模特再次回到起始位置，目视前方，这样的流程不仅能够使转身自然和流畅，还能够确保模特在转身后能够进入下一个动作或步伐。

（四）四步转身与复合式转身

1.四步转身

四步转身的具体操作过程：迈出左腿，紧接着右腿跟随左腿的方向迈出。随后再迈左腿，并再次让右腿跟进。在这四步的过程中，模特的身体需要完成180°的转动，确保最终回到原位。这样的技巧要求模特在保持身体稳定的同时，还能够灵活转动，确保身体的每一个部分都和服装的动态美感相协调。对于观众而言，四步转身不仅展现了模特流畅、自如的步伐，还能够从多个角度欣赏到服装的全貌。这种转身方式，能够让服装在不同的角度和光线下展现出不同的魅力，从而加深观众对于服饰设计的认识和感受。

2.复合式转身

复合式转身的精髓在于结合。当把直接转身与上步转身融为一体时，它不仅增强了动作的连贯性，还带来了更为复杂和富有变化的转身效果。这种组合方式为模特提供了更大的自由度，使其在T台上的转身动作更具挑战性和观赏性。再以插步转身与上步转身的结合为例，这种转身方式可以说是一种新的创新，它融合了插步转身的迅速与上步转身的稳重，为模特的表演增添了新的色彩。在服装展示时，这种转身方式不仅可以更好地展示服装的每一个细节，还能够增强模特与观众之间的互动性，为观众带来全新的视觉享受。

而180°转身与直接转身的结合，则是一种更为大胆的尝试。180°的旋转幅度加上直接转身的简洁，使得这种转身方式更具动感和冲击力。当模特在T台上进行这样的转身表演时，它不仅可以吸引观众的目光，还能有效地展示服装的飘逸与动感。将这些复合式转身融入课堂练习，对于时装表演专业的学生而言，是一种很好的实践机会。它不仅可以锻炼学生的基本技能，提高其转身的流畅度和准确性，还能培养其创新意识和创造力。在练习中，学生可以自由组合各种转身方式，尝试不同的结合方式，从而找到适合自己的转身方法。

第三节　面部表情的训练

面部表情不仅仅局限于眉、眼、唇。事实上，一个模特可以通过细微的面部肌肉运动，展示丰富的情感和情绪，如喜、怒、哀、乐。当然，在服装表演中，更重要的是能够展示与所穿服装相匹配的表情。

一、眼神与笑容

眼神与笑容在服装表演中的作用是不可替代的。它们不仅是模特展现魅力的关键，更是提升服装吸引力的重要工具。通过对眼神与笑容的细致训练，模特可以更好地为观众展现服装的美感与魅力。

（一）眼神

眼睛，被人们誉为"心灵的窗户"，在服装表演中占有举足轻重的地位。它不仅仅是观看外部世界的工具，更是展示模特内心情感、态度和专业素养的重要手段。通过眼睛，可以准确地传达服装的主题、风格和情感。

练习中，面对镜子的学生可以尝试各种不同的表情，关注眼睛和眉毛之间的微妙关系。这种关系如同乐器中的和弦，每一个变化都能传达不同的情感。例如，当眼睛呈现纯真、明亮的表情时，眉毛会不自觉地轻轻抬起，如同旋律中的高潮，为观众带来愉悦的感受；而眼睛微闭、下巴轻轻抬起时，眉毛会相应地向下沉，像是深沉的低音，传达出忧郁、沉思的情感。视线的选择与控制在模特表演中同样关键。视线的焦距、方向和集中程度都能够传达出模特的情感和态度。如果视线散漫或聚焦点不明确，可能会显得不专业，影响整体的表演效果。因此，学生应该学会控制自己的视线，使其与表演的主题和情感相匹配。

当模特正面抬头，眼睛平视前方时，可以展现自信和开朗的气质，如同太阳高挂在蓝天之上，充满力量和希望。而正面仰头，眼神向上投射时，则像是对未来的期待、对梦想的追求。正面低头，眼睛望向地面，仿佛在沉思，或是在沉浸于某种深情的回忆中。转动头部45°角时，眼睛的视线可以选择向侧看，也可以选择直视前方。向侧看展现了模特的侧面魅力，同时也增强了表演的层次感；直视前方，则可以展现模特的决断和专注。当头部向后转动90°角，眼睛回头看的动作，带有一种回忆与追溯的情感，仿佛在回顾过去。

（二）笑容

在服装表演中，模特所展现的面部表情往往决定了观众对整体服装的感受。笑容，是由眉、眼、嘴及面部的动作共同组成的。笑容的种类多种多样，如轻笑、微笑、大笑、狂笑、苦笑、奸笑、嘲笑等，每种笑容都有其独特的场景和背后所传递的情感。女性因其天生的柔美与细腻，通常比男性更加擅长运用笑容，这也是为什么在舞台上女性模特笑容的次数较多。每一个笑容都对应着特定的服装风格，从而达到与观众的最佳互动效果。以下以服装表演中运用最多的轻笑、微笑、大笑为例。

练习笑容时，可以采取分阶段的方法。轻笑与微笑是笑容练习的两个重要阶段。轻笑，顾名思义，是比较轻微的笑容，通常是通过抿嘴来表现的。这种笑容给人委婉、羞涩的感觉，适合表现具有东方特色的旗袍、唐装等传统服装。微笑则是在轻笑的基础上进行的延伸。与轻笑不同，微笑更为自然和放松。在微笑时，模特通常会稍微放开嘴角，让嘴角自然地向上提起。同时，发出"一"的声音可以帮助模特更好地掌握微笑的程度，而眼睛也是微笑中不可或缺的部分。当模特微笑时，眼睛也应该透出愉悦的神情，这样才能使整个笑容更加真实和有感染力。大笑是充满活力与激情的表情。当模特穿着活力装、泳装或休闲装时，大笑可以使整个服装表演充满生机与活力。但在进行大笑的表达时，有一些细节需要注意。牙齿的露出是大笑的标志，但露出八颗牙齿最为适中，同时要避免露出牙龈。对于初学者来说，大笑的表达可能会让脸部肌肉感到僵硬，表情可能显得不自然。但只要坚持练习，这种困难会被逐渐克服，大笑的表情也会从最初的"虚假"变为"真实"。为了更好地掌握大笑的技巧，有一个简单而有效的方法，在上下齿之间放一根筷子，这样嘴型会自然地形成大笑的表情。但值得注意的是，不是每个模特都适合露出牙齿笑，如果模特的牙齿不整齐，露牙齿笑可能会让整体形象大打折扣。

二、面部表情中的"喜、怒、哀、乐"

在模特的表演中，"喜""怒""哀""乐"的情感变化起了关键的作用。它们为模特的整体表演带来了深度与丰富性。每一个微笑、每一个凝视、每一个扬眉、每一个泪滴，都是模特在为观众塑造完整的艺术形象。这些细微的表情变化不仅仅是为了展示服装，更是为了传达出模特的艺术情感。它们成为模特与观众之间沟通的桥梁，使观众能够更好地理解模特所要传达的艺术主题。

在明亮、欢快的服装表演中，观众期待看到的是模特面带微笑、眼里充满活力和温暖的"乐"。此时的模特需调动面部肌肉，结合适宜的身体语言，形成一幅与服饰主题相契合的画，如同春日的阳光穿透云层，为人们带来温暖与希望。相反，在柔和、含蓄的服装展示中，"哀"的情感更为凸显。模特此时需展现出一种淡淡的忧伤，仿佛是被这柔和的色彩和优雅的线条所触动，让人产生一种如泣如诉的共鸣，好像秋日飘落的红叶，见证了时间的流转与美好的凋零。面对那些颇为前卫、具有鲜明个性的服饰，模特的表情也要进行相应的调整。在这种场合，过于温和或欢快的表情显然是不合适的。反之，"怒"或"哀"的情感在此更为适宜。它们都为模特提供了强烈而震撼的视觉冲击力。这种感觉就像冬日的狂风，冷峻而又充满力量，展现了一种独特的美学。特别是那种"怒"或"哀"的表情，让模特呈现出高冷、神秘而又不可侵犯的形象，仿佛置身王者之巅，俯视众生，让人不敢逼视，但又无法移开视线。这种氛围的营造，也是如今T台上备受欢迎的一种展示方式。

模特在进行面部表情的训练时，常常会被提醒理解表演中的"喜""怒""哀""乐"与日常生活中的情感并不完全相同。这四种情感在表演中更多的是技巧与策略的运用，而非真实情感的直接呈现。为了让服装更具吸引力和情感深度，模特需要将这些情感与实际的演绎结合起来，形成独特的艺术形象。与此同时，模特还需认识到，表演中的"喜""怒""哀""乐"并不是相互孤立或对立的。例如，一件明亮的夏日服装可能需要模特展现出"喜"的情感，但在某些情境下，稍微融入一丝"哀"的情感，可能会为表演带来更多的层次和深度。因此，这些基本情感在表演中是相互关联、相互补充的，它们共同构成了表演的情感基础。

第四章　以新媒体为依托的服装表演舞台设计

第一节　服装表演舞台设计探索

一、服装表演舞台设计概述

服装表演舞台设计是为特定的服装展示活动量身定制的舞台环境创意和实现。舞台设计的目的是强化和衬托时装的主题，为观众提供一个独特的视觉体验，并确保模特和服装成为焦点。它涉及许多元素，包括但不限于布景、灯光、音乐和视频元素。

（一）服装表演模式对舞台设计的影响

服装表演，无论是传统的时装秀还是现代的娱乐情景类表演，都是服装与舞台设计完美结合的产物。舞台设计作为服装表演的背景和支撑，发挥了衬托和强化服装艺术表达的作用。

1.订货会模式

订货会模式在时尚界占有一席之地，为众多经销商、批发商和商场提供了一个专业而高效的平台。这种模式与传统的时尚秀有所不同，它的核心在于实际的商业交易，而不仅仅是呈现最新的时尚趋势。

谈及订货会模式，我们容易想到的场景是：众多的服装经销商会聚一堂，寻找他们商店中将上架的下一个畅销款。这种模式特别受到大型商场的欢迎。大型商场具有庞大的客流量，这为品牌提供了一个展示其产品的完美场所，同时为经销商提供了一个与大量潜在客户互动的机会。但是，对于舞台设计来说，订货会模式提出了一系列新的挑战和机会。由于这是一种商业化的促销模式，设计师需要考虑的不仅仅是视觉美感，更多的是功能性。例如，舞台需要为经销商提供一个方便他们观察、试穿并与设计师互动的空间。同时，由于这种模式的目标是促销，舞台的设计也需要考虑如何更好地展示产品的实际效果，让经销商和客户能够从近处观察服装的细节，如手感、色泽和款式。与此同时，音乐和灯光设计也需要根据订货会模式进行调整。由于参与者多为经销商，而不是普通观众，因此音乐和灯光的选择往往简单、直接和商业化。一些动感的音乐可以为现场营造轻松的氛围，而简单的灯光确保每件服装都能在最佳的光线下展示其真实的颜色和质地。此外，订货会模式强调与消费者的实际互动。不同于传统的时装展，订货会允许消费者在观看表演后立即购买他们喜欢的款式。这种即时的反馈为品牌提供了一个了解市场需求和客户喜好的机会，从而帮助他们更好地调整未来的设计方向。

2.信息发布模式

在现代社会，信息发布模式已经成为服装表演的核心要素之一。它不仅仅是展示设计师的创意和技艺，更重要的是要有效地将品牌信息、设计理念及服装特点传达给观众。在此模式下，舞台设计变得尤为关键。

信息发布模式的核心是传递信息，舞台设计必须确保所有的视觉元素为这一目标服务。从灯光、背景，到模特的走位，每一个细节都要确保观众快速、准确地捕捉到服装的精髓。例如，某款服装的特点是精细的绣花工艺，那么舞台的灯光就需要调整，确保这些细节在表演中能被清晰地展现出来。随着科技的进步，数字技术、大屏幕投影及AR（Augmented Reality，增强现实）技术等都被融入舞台设计，使得信息发布直观和立体。例如，当模特展示一款受某个文化启发的服装时，舞台背景可以通过大屏幕投影展示与之相关的文化元素或故事，让观众深入理解设计背后的故事和灵感。舞台设计还要考虑到观众的多样性。不同的观众群体对于信息的接收和理解方式各有差异，舞台设计要求富有弹性和包容性。例如，对于年轻一代的观众，他们可能更喜欢动态、快节奏的表演，而对于经典时尚的追求者，他们可能更加注重服装的细节和工艺。这就要求舞台设计在展示时，既要有动感，又不能忽略服装的每一个细节。同时，为了更好地传达信息，模特的走位和展示方式也需要与舞台设计紧密结合。模特不仅是服装的展示者，还是信息的传递者。他们需要根据舞台的布局、灯光和背景，选择合适的走位和姿态，确保观众从各个角度看到服装的特点。

3. 竞赛类模式

竞赛类模式作为服装表演的一种特殊形式，自然对舞台设计提出了独特的要求。这种模式通常以比赛为核心，把服装表演作为比赛的一种途径，强调的是参赛作品的动态效果、上身美感和模特对参赛服的深入理解与契合程度。同时，现场的环境氛围和观众的接受程度也被纳入考虑的重要环节。

一般来说，竞赛类模式的表演场地多为高校。在这里，服装模特大赛和服装设计大赛是主要的两种比赛类型。这两种比赛，因其各自的特点和重点，对舞台设计提出了不同的要求。在服装设计大赛中，作品常按设计风格或设计师分组展示。模特的主要任务是充分展示服装的特点和设计师的创意。于是，舞台设计在这里偏重于创造一个充满艺术氛围的场景，使作品在最佳的环境中被呈现出来。同时，考虑到观众主要为服装设计领域的专家、师生以及各大品牌代表，舞台灯光、音效和背景都应当与时尚、艺术相结合，提供一个既具专业性又充满审美体验的视觉盛宴。与之不同，服装模特大赛更侧重于考察模特本身的条件：从模特的身体协调性、舞台表现力，到舞台造型和服装搭配能力。在这种比赛中，模特需要展示多种场合和风格的服装。为此，舞台设计要具有足够的灵活性，以适应不同风格服装的展示需求。例如，在考察模特与儿童的配合环节，舞台布景可能需要营造出一个温馨、童真的氛围，让模特和儿童在这样的环境中自然互动。而对于大部分观众而言，他们更关注的是服装的创意性和新颖度。这意味着，无论是在服装设计大赛中，还是在模特大赛中，舞台设计都必须突出服装的特点，使其在表演中成为真正的焦点。此外，舞台设计要考虑到观众的多样性。有的观众可能对服装的品牌和市场销量并不敏感，但他们对于创意和设计却有极高的期望。

4.活动推销类模式

活动推销类模式，正如名称所示，注重将服装从二维的展示方式转化为三维的动态展示，为顾客提供更直观、生动的体验。这种模式的核心目标是促销，通过展示服装的美感和设计性来吸引客户购买新产品。因此，舞台设计在此模式下显得尤为关键，因为舞台是与观众直接互动的载体，是将品牌形象、产品特点、设计理念等融为一体的展示空间。

在活动推销类模式中，舞台设计要充分考虑产品与消费者之间的沟通。服装不再仅仅是静态展示在架子上的物品，而是在模特的展示下赋予生命和故事。品牌和消费者之间的这种沟通不仅加强了消费者对服装的认知，还增强了消费者的购买冲动。一个成功的活动推销类模式能够为品牌带来巨大的价值回报，同时也为消费者提供难忘的购物体验。商场作为活动推销类模式的主要舞台，自然成为这种模式的首选场地。不同于其他场地，商场具有独特的优势和挑战。由于商场的建筑风格和布局各异，舞台设计师需要充分考虑这些因素来确保服装展示的效果。客流量是商场舞台设计的另一个重要考虑因素。为了吸引更多的观众，舞台经常会设置在人流量大的地方，如入口、大厅或露天广场。然而，这并不意味着商场中的所有地方都适合作为舞台。设计师需要深入研究商场的每一个角落，寻找那些能为服装展示带来独特效果的地方。例如，曲折的走廊、宽敞的电梯间或独特的楼梯等都可以作为舞台，为服装表演增添新意。这种创意的舞台布局不仅能为观众带来惊喜，还能为品牌创造更多的销售机会。

5.娱乐情景类

娱乐情景类服装表演无疑是目前非常受欢迎的一种演出方式，它与传统、纯粹的服装展示形式大为不同。这类表演的核心特征在于丰富的观赏性和互动性，对舞台设计提出了更高的要求。不同于其他表演，娱乐情景类表演是一个综合体，它结合了服装、音乐、灯光、舞蹈和场景等多种元素。这使舞台设计不仅仅是为了展示服装，还需要为各种表演元素提供和谐统一的环境。舞台设计的任务是创造一个环境，使服装、音乐和舞蹈能够完美地融合在一起，使观众能够全身心地投入其中。在这类服装表演中，舞台效果的重要性不言而喻。传统的服装展示注重的是服装本身，而娱乐情景类表演注重整体效果。舞台的设计要与服装、音乐和舞蹈完美融合，创造出一个富有情感和氛围的场所。这就要求舞台设计师具备高超的技艺，能够把握住各种元素的关系和平衡。与此同时，由于娱乐情景类服装表演对舞蹈、灯光、音响的要求较高，选择合适的演出场地变得尤为重要。只有在拥有良好的舞台效果设备的场地中，这类表演才能完全展现出它的魅力。选择合适的场地不仅可以提高表演的质量，还可以给观众带来更好的观赏体验。

（二）服装表演的展演形式对舞台设计的影响

服装表演，作为一种高度视觉化和审美化的艺术形式，它的展演形式直接决定了舞台设计的取向和风格。随着时代的变迁和文化的交融，服装表演的展演形式已不再局限于传统的 T 台走秀，而是涵盖了多种多样的创新形式。这种多样性对舞台设计提出了更为丰富和多元的要求。随着国内时装界的日益繁荣，专门用于服装展示的活动日益增多。为此，许多城市也投入建设了专门的场馆来满足这一需求如北京的 751 园区、天津的 C92 创意产业园区、上海的华丽空间及 709 秀场等，都是为服装展示量身定做的专业场地。它们不仅为设计师提供了展示的平台，更是促进了整个时尚产业的发展。

1. 户外场地

服装表演的形式和特质，早已不再局限于传统的室内 T 台。随着创新的步伐和求新的文化氛围，多种展演形式悄然兴起。其中，选择室外特殊场地为展演舞台成为一个新的趋势。这种趋势使舞台设计在空间、环境和观众体验上都面临着新的挑战和机遇。

户外场地为服装表演带来了天然的背景和环境。园林、庭院等自然环境提供了浓厚的文化底蕴和历史感，为服装增添了深厚的文化内涵。而当演出场地选在游艇或游泳池时，透明的水面、流动的波纹为服装展演增添了浪漫氛围，使整场表演更具观赏价值。溜冰场、飞机场和停车场等大型开放空地，为服装表演带来广阔的舞台和高度的自由。在这样的场地中，演出可以做到全方位展示，观众可以从多个角度欣赏到模特和服装的每一个细节，从而实现真正的立体展示。沙漠、废弃厂房或地铁站等非传统场地，为服装表演带来了极高的创新性和未来感。这样的场地选择通常会使整场演出充满神秘和惊喜，为观众提供全新的视觉体验。古建筑和高尔夫球场等传统而高雅的场地，能够为演出注入一种经典和高贵的氛围。当然，室外特殊场地的选择，不仅仅是为了展示服装，更是为了传递一种文化、一种生活方式或一种态度。这种场地选择与舞台设计的结合，不但要考虑到服装与环境的和谐，而且要确保演出的流畅性和观众的舒适度。因此，舞台设计在这种展演形式下，需要更加细致和全面地考虑到各种因素，确保整场演出的完美呈现。

2.体育馆

体育馆作为一种传统的大型场所，原本是为各类体育比赛而设计的。其巨大的空间和四面环视的观众席为大型活动提供了理想的场所，但它对于在此举办其他形式的活动，如服装表演，提出了不少的挑战。

体育馆的核心功能是为各种体育比赛服务，通常不设置固定舞台。然而，当其被用作服装表演场地时，有必要重新考虑和调整其空间利用方式。一个主要的考虑是，服装表演所需的舞台应当如何设置。由于体育馆的尺寸庞大，尤其是观众席与中心的距离，会使观众难以体察模特和服装的细节，因此，在为体育馆设计舞台时，需要考虑到舞台的大小、位置和高度，确保观众从不同的角度都能获得良好的视觉效果。此外，除了传统的舞台设计，还需要对观众席进行适当的调整。例如，可以在舞台周围搭建临时看台，使观众能够更接近舞台，更清晰地观赏到模特和服装的搭配效果。

3.剧院

剧院，作为一种特殊的文化空间，历来被视为表演艺术的殿堂。其内部所设有的多种表演舞台模式，为不同类型的演出提供了得天独厚的条件，尤其对于那些宏大的服装表演而言。不同于其他展演空间，剧院拥有的广阔舞台，可以成为设计师施展才华的广阔天地。当搭配宽敞的后台、丰富的照明资源和一流的音响设备后，剧院无疑成为各种大型娱乐活动的首选之地。

剧院的设计特点，如其特有的拱形台口，因乐池的设计而使得观众席分布成扇形。这样的结构布局，虽然对于大部分表演形式具有良好的观赏效果，但在服装表演中，由于台口的限制，可能会导致两侧和后面的观众观赏效果不佳。对于观众而言，参与服装表演的主要目的是从各个角度欣赏服装的款式、用材和色泽。这就对舞台设计提出了更高的要求。面对这种局限性，在台口和观众席之间设置栈桥成为一种有效的方法。这种设计的初衷是希望模特能走上栈桥，与观众近距离接触。通过这种方式，即使是坐在边角的观众，也能够清晰地看到每一件服装的细节，感受其用材的质感和色彩的饱满度。此外，栈桥的加入不仅是为了解决视觉上的问题，还为服装表演带来了更多的动态元素。模特可以沿着栈桥移动，为观众展现服装的不同角度和动态效果，使得整场表演更加生动和有趣。对于设计师而言，剧院中的这种舞台形态为他们提供了一个更大的创作空间。他们可以根据服装的特点和表演的主题，设计出独特的舞台布景，与模特和服装共同构建一个完美的表演画面。

4. 商场和服装大卖场

服装表演并不再局限于专业的舞台或特定的演出场所，商场和大卖场也已经成为展演的新前沿。这些地方原本是为购物而设计，但现在，为了满足消费者的体验需求，服装表演逐渐成了它们的一部分，尤其是在新品发布或特定节日期间。

商场和大卖场的空间结构和布局给舞台设计带来了新的挑战和机遇。由于这些场所的开放性和广泛性，舞台设计必须考虑到流动的观众和多样化的观看角度。这意味着设计需要具有足够的灵活性，以适应不同的空间和场合。与传统舞台不同，商场和大卖场中的服装表演舞台往往更加注重与周围环境的融合。这样不仅可以为观众提供自然和舒适的观赏体验，还能为商家创造无缝的购物和观赏流程。例如，一个巧妙设计的舞台可以直接连接到试衣间或结账区域，让观众在欣赏表演的同时，更容易地尝试和购买他们喜欢的服装。音乐、灯光和其他技术手段在商场和大卖场的服装表演中也起到了关键作用。合适的背景音乐可以增强服装的主题和风格，而灯光可以突出服装的特点和细节。与此同时，为了确保观众在购物过程中不错过任何精彩瞬间，大屏幕和投影技术也经常被用来播放现场表演或回放精彩片段。此外，商场和大卖场的服装表演还需要考虑到与商家和品牌的合作。舞台设计可以与品牌形象和主题相匹配，使品牌和产品在表演中得到展示。同时，通过与知名品牌和设计师的合作，商场和大卖场可以为观众提供专业和高品质的表演，从而吸引更多的顾客，提高销售额。

二、服装表演的多种舞台表现形式

灯光、音乐、舞台、化妆和舞蹈等艺术形式得到了快速发展，技术上取得了飞跃，为服装表演艺术开辟了新的展现空间。[①] 随着时间的流转，服装表演不再是上层社会的专利，而是逐渐走进了大众的视线。在全球各地的商场、剧院、学校、街头，甚至是娱乐场所，人们都可以近距离地感受到服装表演的魅力。在这一变革中，服装表演的表现形式也随之产生了巨大的变化。为了适应各种不同的场合和观众，表演形式也变得多种多样。

（一）模式化服装表演的舞台表现形式

模式化的表演形式凭借其独特的形式和特点，已经成为服装展示活动中的标配。从服装新品发布会到商场服装促销会，再到服装设计大赛以及大学的服装设计专业毕业展，这种表演形式都有着广泛的应用。

考虑到模特的展示和动线，模式化表演形式中常常采用跑道式舞台，也称为 T 台设计。这种设计，底台与背景相连，从中间延伸出一条长跑道。观众在舞台两侧呈阶梯状坐置，得以从多个角度欣赏到服装的每一个细节。T 台的设计，虽然在某种程度上限制了模特的表演方式，但它的存在，使观众的注意力能够集中地放在服装上，充分展示了服装的美感和设计理念。对于服装品牌和设计师来说，模特和服装是舞台的核心，而 T 台恰恰可以将这一核心最大化。观众坐在两侧，所有的视线都能很好地汇聚到中心，使得模特身上的每一件服装都成为焦点。这样的设计不仅能够展示服装的完美线条，还能使观众更深入地理解和感受到设计师的设计意图和服装带来的视觉冲击如北京 751 园区中央大厅的模式化舞台。

---

① 吕雪.新时期服装表演中创意舞美设计的应用探索[J].陕西教育（高教版），2016（10）：2.

（二）戏剧化服装表演的舞台表现形式

戏剧化的服装表演，作为一种深入人心且独特的展演方式，从传统的戏剧舞台艺术中汲取了丰富的营养。这种表演形式源自日常生活中的细节和情感，但不仅仅停留在对现实的再现，而是在提炼、抽象后将其放置于更高的艺术平台。这种戏剧化表达不仅仅增强了服装表演的观赏性，更重要的是，它开拓了服装展演的深度和宽度。借助于戏剧艺术中的时代风格、民族风格及地域风格，服装表演被赋予更加丰富和多样的内涵，每一次展演都成了一个小型的舞台剧，讲述着服装背后的故事，展现着设计师的创意和设想。而为了完美地实现这种融合，舞台上的各种元素也起到了不可或缺的作用。戏剧中的化妆造型技巧在服装表演中得到了充分的运用，使模特的形象鲜明，与服装之间形成了和谐统一的整体。舞台设计，不再仅仅是为了展示服装而存在，它成为表演的背景和载体，为服装提供了情境，增强了观众的沉浸感。同时，造型艺术和舞蹈艺术的引入，使每一场服装表演都变得生动有趣，每一个动作、每一个转身，都成为展示服装魅力的瞬间。正因为如此，戏剧化的服装表演不仅仅是对服装的展示，更是一种艺术的体验。它打破了传统展演的框架，不再局限于特定的场地和形式。无论是在开放的广场还是在封闭的剧院，无论是在室内还是在室外，只要有观众、有舞台，戏剧化的服装表演就可以完美呈现。这种综合性的戏剧生活化服装表演方式，在给观众带来视觉和心灵双重享受的同时，也进一步推动了服装表演艺术的发展，使其不断地向前进、向高处飞，为未来的服装舞台创造了更多的可能性。[①]

（三）主题情景化服装表演的舞台表现形式

主题情景化服装表演为当今大型活动增添了丰富的色彩。经常出现在大型文艺演出或节日晚会中，这种表演形式以其独特的"彩蛋"效果捕捉观众的注意力。如运动会开幕式、服装节开幕式或商业庆典，均可见到其身影。这种表演需要精心设计的宏大舞台，选择半圆形或方形的布局，再搭配绚丽的舞台灯光，为表演营造出完美的背景。

---

① 郭海燕.浅析中国服装表演业的开端[J].武汉科技学院学报，2011（1）：3.

舞台设计和服装设计紧密相扣，总是与活动的主题息息相关。根据不同的活动，模特身穿与之相应的文化背景服装，结合精心选择的服饰、配饰和道具，配合队形编排和化妆造型，呈现出精彩的视觉盛宴。例如，在大型文艺演出中，旗袍秀常常作为一道独特的风景，它不仅展示了服装的风采，还呈现出深厚的文化底蕴。而在学校的校庆活动中，青春活力的运动装与生动的舞蹈动作完美结合，展现出学生的青春与活力。为了确保表演效果达到最佳，舞台的内外空间设计需考虑周全，兼顾模特的舞台造型和舞台编排的各种细节。这不仅要求舞台设计有强烈的艺术性，也需要加入现代科技元素，确保演出效果更加震撼。舞美、灯光、特效、摄影摄像和化妆造型等现代新媒体技术，在这类服装表演中都起了重要的作用。

　　以街头式主题服装表演为例，街头主题形式的服装表演是对传统展演界定的一次颠覆。它摒弃了对小众的定义，选择了公共空间——街头，使得服装表演更具艺术化和综合性。这种非常规的展演方式不仅使大众有机会直观地了解最新的服装流行趋势，还为各类品牌开辟了新的宣传平台，将时尚品牌直接带到大众的日常生活中。街头式主题服装表演之所以受瞩目，一个显著的特点便是它对广大的自然景观、丰富多彩的人文景观以及充满活力的街头文化的融入和应用。这些元素不仅为其提供了丰富的舞台背景文化，也为整个表演增加了诸多的可能性和变化。与传统的室内舞台相比，街头表演的舞台更加开放、自由，不受空间和时间的限制。设想在一个夜晚，当城市的霓虹开始亮起，月光透过云层轻轻洒下，此时的街头服装表演就能够借助这样的自然灯光和城市的夜景，为整个展演注入更多的情感和深度。这样的场景不仅使城市景观显得更为立体和多姿多彩，同时也赋予了服装表演更为丰富的情感色彩。而在这种创新的表演形式下，许多服装设计师开始发挥自己的创意。张弛，这位中国的新锐服装设计师就是其中的佼佼者。他毫不拘束地把服装表演舞台搬到了停车场、工厂、艺术区的街头，每一次表演都为时尚界带来新的震撼和启示。这样的舞台不仅展示了服装的风采，更体现了现代都市的节奏和文化特质。街头主题形式的服装表演，就像一场视觉盛宴，为观众带来了全新的感受和体验。它更加接地气，更具人文情怀，使服装与生活、艺术与现实得到了完美地结合。这样的展演方式，将服装设计与都市文化、公共生活融为一体，为设计师和品牌提供了广阔的创意空间。

第二节　新媒体在服装表演舞台设计中的意义

一、新媒体技术与舞台设计的融合趋势

（一）技术驱动的创意表现

在现代社会，新媒体技术正逐渐渗透各个领域，成为推动行业发展的关键因素。在舞台设计领域，这种渗透带来的直接变革就是技术驱动的创意表现。服装表演，作为一种视觉艺术，需要通过各种手段将设计师的创意和设计呈现给观众。而新媒体技术为这一呈现方式提供了更多的可能性。

在过去，服装表演的舞台设计主要依赖于传统的布景、灯光和音响。随着新媒体技术的进步，动态的数字投影、LED 屏幕、3D 立体声和其他技术手段逐渐被引入舞台。这些技术不仅为舞台设计提供了更多的空间，还使表演更具互动性和沉浸感。以动态数字投影为例，它能够将计算机生成的图像实时投影到实体表面上，为舞台创造出流动的背景。当这种技术应用于服装表演时，舞台背景可以随着模特的走动或服装的变化而改变，为观众呈现出一个充满变化和动态的视觉盛宴。例外，新媒体技术为舞台设计师提供了更多的创意工具。比如，通过虚拟现实技术，设计师可以在计算机中预览舞台效果，确保每一个细节都完美无缺。又如，通过传感器和摄像头，舞台可以实时捕捉模特的动作，将其转化为数字信号，并与舞台效果相互作用，使得舞台和模特之间形成一个互动的系统。但是，技术的引入并不意味着舞台设计可以完全摆脱人的因素。相反，技术应该作为一个工具，帮助设计师更好地实现其创意和愿景。在服装表演中，无论舞台多么高科技，核心仍然是服装和模特。舞台的任务是为它们提供合适的背景和氛围，使整个表演成为一个和谐的整体。因此，技术驱动的创意表

现并不是简单堆砌技术，而是在深入了解技术的基础上，找到合适的方式，将其融入舞台设计。这需要设计师具备跨学科的知识和思维，同时也需要与技术团队紧密合作，确保技术能够真正为舞台设计服务。

（二）跨界融合的设计语言

在数字时代，界限逐渐模糊。从艺术、科技到设计，跨界合作成为一个显著的特点。当涉及服装表演的舞台设计时，这种跨界融合不仅是一种时尚，也是一种必然，因为它为创意提供了无限的可能性。

舞台设计在过去通常被视为一种独立的艺术领域，但随着新媒体技术的应用，这一传统观念受到了挑战。现今的舞台设计者不再仅仅是布景或灯光设计师，他们往往也是视频艺术家、编程者或声音工程师。这意味着在设计一个服装表演的舞台时，需要综合考虑多个方面，创造出一个多维度的体验。服装表演本身是一种视觉艺术，但在新媒体技术的影响下，它与其他艺术形式之间的界限也开始模糊。例如，一个舞台可以结合数字艺术、音乐和舞蹈，与模特的走秀相结合，创造出一个充满律动和变化的表演。而这样的跨界融合不仅仅是为了创新，更是为了更好地表达服装的设计理念和情感。在这种背景下，设计语言也发生了变革。不再是简单地描述一个空间或一个场景，而是需要描述一个体验、一个感觉。这需要舞台设计师具备更加开放的思维，愿意尝试和学习新的技能，以满足跨界融合的需求。例如，当设计一个与数字艺术相结合的服装表演舞台时，可能需要考虑如何将视频映射到模特的服装上，或者如何利用传感器捕捉模特的动作并将其转化为音乐或灯光效果。这意味着舞台设计师需要与数字艺术家、声音工程师甚至是编程者紧密合作，共同创造出一个完整的表演。

此外，跨界融合还为舞台设计带来了更多的灵感来源。在过去，舞台设计的灵感主要来源于其他舞台作品或传统艺术形式。但现在，设计师可以从数字艺术、游戏设计、电影特效，甚至是社交媒体中寻找灵感，创造出前所未有的设计语言。但这也带来了挑战。跨界融合意味着需要综合考虑多个方面，确保每一个元素都和谐统一，同时要确保核心信息——服装的设计——不会被其他元素所掩盖。这需要设计师具备极强的审美能力和项目管理技能，确保整个表演是和谐的整体。

（三）新媒体元素的普及及其影响

新媒体元素在近年中已广泛普及，其影响已深入多个行业，并对其带来了根本性的变革。在服装表演的舞台设计领域，新媒体的介入更是将传统的展示形式推向了一个新的维度。

随着科技的进步，人们所接收的信息和体验形式已经发生了显著的变化。这种变革影响了观众的期望值，他们渴望在服装表演中获得与众不同的体验。舞台设计师面临的挑战是如何运用新媒体元素，如动态视频、增强现实技术等，为观众带来更为丰富的视觉与感官体验。新媒体的普及不仅改变了舞台的呈现方式，也为服装本身带来了更多的可能性。在某些前卫的展示中，模特不再仅仅是身着服装走在 T 台上的展示者，还可以与舞台上的新媒体元素互动，使服装与舞台、音乐、灯光、影像等元素融为一体，为观众带来沉浸式的体验。此外，新媒体元素的普及也使服装表演的舞台设计更具包容性。不同的文化、背景和传统在新媒体的语境中得到了重新诠释。这为设计师提供了一个广阔的平台，使其可以不受地域和文化的限制，吸取来自世界各地的灵感。

舞台设计的目的是为服装提供一个背景，使其得以完美展现。在新媒体元素日益普及的今天，设计师需要思考的是如何找到技术与艺术之间的平衡。技术只是一种手段，真正的艺术在于如何运用它为观众带来感动。随着时间的推移，新媒体技术可能会继续发展，带来更多的创新和挑战。但无论技术如何变化，舞台设计的核心仍然是为服装提供一个最佳的展示平台。设计师需要不断探索和实践，确保自己的设计既具有时代感，又不失艺术的本质。

二、增强观众沉浸感的新媒体应用

（一）投影映射与服装的互动展示

随着科技的发展和新媒体技术的普及，舞台表演正处于一个前所未有的变革时期。特别是投影映射技术，它为舞台和服装提供了一个创新的展示平台，大大增强了观众的沉浸感。

投影映射技术的核心在于将二维或三维的数字图像投影到不规则的表

面上，使其完美融合。在服装表演中，这项技术的应用可以让模特的服装变得更加生动有趣，甚至可以与背景环境互动，创造出令人难以置信的效果。例如，模特走上舞台时，身上的服装上投射出水波荡漾的影像，与背景中的海洋映射形成呼应。随着音乐的起伏，服装上的波浪也随之变化，模特身上的服装与舞台背景、音乐、灯光等元素完美融合。这种互动展示不仅为观众带来了视觉享受，更重要的是，它为观众与服装之间建立了一种情感的链接。观众不再是单纯的旁观者，他们被深深地吸引，仿佛被带入了一个魔法的世界。而对于服装设计师来说，投影映射技术为其提供了一个全新的展示平台。设计师可以通过这种技术，为其设计的服装赋予更多的故事和情感。不仅如此，投影映射还为设计师提供了无限的创意空间，使其可以尝试各种前所未有的设计理念。但同时，投影映射技术也对设计师提出了更高的要求。如何将映射与服装完美结合，确保映射的内容与服装的设计风格相匹配，以及如何确保技术的应用不会使服装失去其本身的特色，都是设计师需要考虑的问题。

此外，与传统的舞台设计相比，投影映射技术的应用也需要更多的资源和技术支持。从设备的选择、场地的布置，映射内容的制作，每一个环节都需要精心策划和执行。但无论如何，投影映射技术已经为服装表演的舞台设计开辟了新的领域，使其变得更加多元化和富有创意。而随着技术的不断进步，可以预见，未来的舞台会更加精彩，为观众带来前所未有的体验。

（二）虚拟现实与增强现实在舞台上的呈现

虚拟现实（Virtual Reality，VR）与增强现实（AR）已经逐渐进入各种产业的应用领域，包括娱乐、教育、医疗等。在服装表演舞台设计中，这两种技术为创造沉浸式体验提供了全新的可能性，能够将观众带入一个前所未有的艺术维度。

谈及虚拟现实，人们往往会想到一个完全虚构的三维环境，用户可以在其中自由地移动和互动。将 VR 技术应用于服装表演，设计师可以为观众创造一个完全沉浸式的展示空间。例如，观众可以通过 VR 设备"走进"一片奇幻的森林、一座未来的都市或一座古老的宫殿，在其中欣赏模特所展示的服装。在这样的环境中，每一款服装都不仅仅是一件衣物，更是一个故事的载体，与周围的环境相互呼应，共同为观众呈现一件完整的艺术作品。而增强现实则是在真实世界的基础上，通过技术手段叠加虚拟的信息，如图像、声音等。在服装表演中，AR 可以为实体的舞台增添各种虚拟元素，使服装与这些元素发生互动。例如，当模特穿着一款灵感来源于海洋的服装走上舞台时，观众的 AR 设备上可能会出现虚拟的鱼群、泡泡或珊瑚，与模特身上的服装形成完美的呼应。这种体验让观众深深地沉浸于这个艺术的世界。

利用 VR 和 AR 技术，服装表演可以超越传统的物理限制，为观众提供更为广阔和多样的体验空间。模特、服装、舞台和技术之间的界限逐渐变得模糊，它们共同创造出一个充满魅力的艺术世界。不仅如此，VR 和 AR 技术还为设计师提供了无限的创意空间。可以根据服装的设计理念和风格，为其量身打造一个独特的展示空间。这种空间不再受到现实世界的限制，可以是任何时间、任何地点，甚至是完全不存在的幻想之地。

（三）三维音频和环境交互增强观众体验

音频，作为舞台表演的重要元素之一，一直被用作强化视觉元素的伴随和补充。随着技术的进步，三维音频为服装表演舞台带来了前所未有的深度和细致，使观众能够体验到真实、立体的声音环境。

三维音频，又称为空间音频，能够在立体空间中模拟声音的来源和传播方向。与传统立体声不同，三维音频不仅能够在水平平面上呈现声音，而且能够在垂直方向上进行模拟。这意味着观众可以感受到从上到下、从四面八方传来的声音。在服装表演的场景中，三维音频可以被用作多种创意手段。例如，当模特展示的服装灵感来源于森林，观众可以听到仿佛真实的鸟鸣、风声和虫鸣，这些声音从各个方向传来，使观众仿佛置身森林之中。这样的声音设计不仅为服装的展示增添了背景和情境，还使观众能够更为深入地理解和感受设计师的设计理念。除了三维音频，环境交互也是一个强化观众体验的有效手段。通过传感器和其他设备，舞台可以感知到观众的存在和行为，并据此作出反应。例如，当观众走进一个特定的区域时，舞台上的灯光、音效或投影可能会随之改变，与观众产生互动。

在服装表演中，环境交互可以为展示增添更多的趣味性和参与性。假设在一个模特展示的环节中，观众的动作可以影响到模特身上的光影效果或背景音乐的节奏。这样的设计不仅增强了观众的参与感，也使每一场表演都成了一次独一无二的体验。结合三维音频和环境交互，服装表演舞台可以为观众提供立体、动态的展示环境。观众不再是单纯的旁观者，他们成为表演的一部分。

第三节　新媒体在服装表演舞台设计中的应用及发展

一、新媒体在服装表演舞台设计中的应用

随着科技与艺术的交融，新媒体在各种领域展现出了它的独特魅力与价值，而在服装表演舞台设计中，这种价值和魅力得到了充分的体现。新媒体为舞台设计带来了创新和多样性，不仅拓展了设计师的想象空间，也丰富了观众的体验。

（一）新媒体在服装表演舞台设计中的表现形式

1. 舞台空间设计

服装表演舞台设计在现代社会已经成为一种艺术的呈现，它不仅仅是为了展示服装，更是为了传达品牌的故事、风格和理念。而在其中，新媒体技术与传统的舞台设计相结合，更是为整体表演注入了新活力。

（1）空间环境设计。谈及舞台空间设计，服装表演中的空间环境设计是一个核心的环节。正确的空间布局和设计能够让服装得到更好的展示，同时能更好地体现出服装的风格和特点。每一个细节，从舞台背景的选择到灯光、音效的运用，都可以强化服装的特色，使整场表演更加完美。正确地捕捉并展现服装的核心主题，是空间设计中最核心的要点。设计师需要深入地研究每一款服装的设计理念、风格和特点，然后融入舞台设计

中，确保舞台的每一个元素都与服装相得益彰。新媒体技术为舞台设计带来了新的可能性。通过现代技术，如虚拟现实、增强现实，可以为观众带来更真实、更震撼的观赏体验。例如，通过增强现实技术，设计师可以在舞台上创建出一种既真实又超现实的空间，让观众仿佛置身于另一个世界。这种创新的设计方式，不仅能够吸引观众的注意力，更能深入地展现服装的特点和魅力。此外，模特的表现也是整场表演中不可或缺的部分。舞台和模特应该相互配合，共同为观众呈现出一个完美的艺术画面。模特不仅要展示服装，还要通过自己的表现，传达出服装背后的故事和情感。服装品牌与舞台设计是相辅相成的。成功的舞台设计不仅能够展示服装的美，还能够增强品牌的形象，使之在市场上更具竞争力。设计师在进行舞台设计时，需要时刻保持敏感和创新，确保舞台的每一个细节都能与服装完美结合，为观众带来难忘的艺术盛宴。

以 2017 年的 Dior 春夏高级定制巴黎发布秀为例，在这场发布秀上，传统的服装表演舞台被椭圆形的舞台设计所替代。观众座位如同梯田般，层层叠叠地围绕在舞台四周。这种设计打破了常规的观看方式，使每一个观众都能得到近乎完美的视角，更好地欣赏到每一件服饰的细节。舞台的设计主题取材于迷宫，神秘且扑朔迷离。如同探索一座秘密花园，每一个转角、每一片叶子都充满了奇幻和未知。观众仿佛被引领进入一个别有洞天的空间，与模特、服装、灯光及背景音乐共同构建了一场视觉与听觉的盛宴。与此同时，模特的展演和这一神秘花园的舞台背景相得益彰。模特穿的服装、脸上的表情、戴的配饰，还有精心设计的妆容和造型，与舞台上翠绿的植物和迷宫的设计完美融合，将 Dior 式的优雅呈现得淋漓尽致。更为重要的是，这种舞台设计与服装展演之间的互动关系，为品牌和设计师提供了一个全新的展示平台。模特在 T 台上走秀，与观众产生互动，使得服装表演成了一种真正的艺术体验。它不仅仅是服装的展示，更是一个完整的故事、一个情感的交流、一个艺术的表达。这也从侧面反映了新媒体对传统服装表演舞台设计的深刻影响。在技术和艺术的融合下，服装表演舞台设计已经不再受限于传统的形式，而是朝着更为多元、创新和互动的方向发展，为观众带来了前所未有的体验。

（2）"logo"与背景板。服装表演舞台空间设计中的"logo"与背景板在任何设计阶段均需得到特别关注，它们在提高舞台设计和服装演出的展现效果中起着关键作用。[①] 一个合理且巧妙的"logo"设计，能够迅速吸引观众的目光，为品牌塑造独特的形象。它可以是一个抽象的图形，也可以是一种符号，或是这两者的结合。与此同时，背景墙作为服装表演的直接背景，其设计直接影响到整场表演的效果。它可以是静态的图案，也可以是动态的视频。不同的设计，可以为观众带来完全不同的视觉体验。

（3）舞台空间视觉形象。舞台空间视觉形象无疑在服装表演中起到了决定性的作用。这个特定的形象链接了表演的所有环节，为观众创造出一种前所未有的观感，进而为他们呈现舞台视觉盛宴。这种丰富的视觉效果不仅提高了表演的艺术欣赏价值，而且使观众能够体验到一场真正触动灵魂的表演。[②] 新媒体的灯光技术赋予了舞台局部空间更多的变化可能性。分散的光线和形态的转变不仅可以加强舞台空间的视觉深度，还有助于引导观众的注意力。新媒体技术更进一步，可以切割和重组空间，为表演者提供更多与空间互动的机会，使整个舞台更加和谐。而在建构服装表演舞台设计的空间结构时，新媒体的灯光构建技术发挥着重要的作用。在整个舞台视觉的中心，一个由新媒体技术创造的几何空间关系逐渐形成。这不仅仅是光和影的游戏，而是深入每一个细节的设计思考，使每一个元素、每一个角落都与服装和模特的表演融为一体。

2. 舞台装置艺术

自 20 世纪 60 年代以来，装置艺术逐渐显现出其独特的艺术价值和稳定的发展态势。不同于其他流行一时的艺术形式，装置艺术以其独有的魅力与表达手法，在艺术历史中留下了深刻的印记。[③] 装置艺术与传统艺术之间的最大差异在于其空间性和环境性。它强调的是与观众的实时互动、强烈的沉浸感，以及对于空间的充分利用。这一特点使其在服装表演舞台

---

① 姚殷亚. 构建自由的舞台空间：对几场 T 台秀舞台设计的解读 [J]. 云南艺术学院学报，2012（4）：3.

② 季涛频. 数字化时代图形传播趋势论 [D]. 武汉：武汉理工大学，2006.

③ 胡妙胜. 阅读空间：舞台设计美学 [M]. 上海：上海文艺出版社，2002：92-97.

设计中找到了完美的定位。

在当代社会，舞台装置艺术已不再局限于传统的雕塑形态。这种装置艺术如今广泛应用于各类公共空间，并在服装表演舞台设计中得到了特殊的喜爱和关注。最早，装置艺术主要围绕着舞台，起到一种辅助和点缀的作用。但新媒体的涌入，为其注入了新的生命和无限的艺术效果。在这种背景下，舞台装置艺术从原本的功能性转变，升华为具有艺术深度的存在。例如，2018 年的中国国际时装周闭幕大秀。在这场 EP 雅莹 2019SS 的发布秀中，可以看到一个圆形的秀场，四周被巨大的光影墙所环绕，而在舞台的中心，是一件随着音乐氛围而不断变幻色彩的装置艺术。这件名为"Nautilus"的装置艺术，出自法国当代艺术团队 Collectif Scale 之手。"Nautilus"的设计思想旨在回归自然，利用数字技术，将音乐、光线和视觉三者完美结合，为人们展现了一个人与自然和谐相处的愿景。这不仅仅是一个新媒体互动体验，更是一场带有情感内涵的视听盛宴。而 EP 2019 春夏系列，通过新媒体舞台装置艺术，呈现了该系列的核心特征，那就是乘风破浪。沿着古老的丝绸之路，寻求人文之间更深层次的交融。演绎的碧水与蓝天代表着永恒的蓝色，而亮丽的红色是希望的象征。在这两种颜色之间，艺术得以完美融合，将精美的丝绸与独特的刺绣结合，展示了文化魅力。这不仅仅是现代文化之美，更是文化融合之美。

随着技术的进步，新媒体技术为舞台装置艺术带来了更为广阔的可能性，也为服装表演提供了更为丰富的表现形式。如此，观众不仅可以从服装上看到设计师的匠心独运，而且可以从舞台上体验到装置艺术的魅力，为时尚与艺术之间搭建了桥梁。

3. 舞台模特造型设计

舞台模特造型设计，作为服装表演的重要部分，往往成为展示服装设计理念的主要载体。任何一种造型，其背后都承载了设计师深思熟虑的设计思路，以及对特定服装主题的独特理解。这种理解与表达在不同类型的服装表演中表现鲜明，因为每种服装表演都有其特定的目的和意义。[①] 例如，高级定制的服装表演，其核心目的在于向观众展示服装的独特性与内

___

① Glitter.秀场装置 艺术先行 [J].新经济，2013（8）：1.

涵。为此，设计师往往在造型设计中下足功夫，确保每一个细节都能够为服装主题加分，让观众深陷其中，仿佛进入了另一个世界。有些出色的设计，不仅仅是单纯展示服装，更是在传递某种哲学思考或情感体验。如胡社光以"人之初，性本善"为主题的时装发布会，就完美地融合了传统与现代、音乐与视觉的元素。新媒体技术的运用，如音乐的剪切和特殊处理，使整场表演的音乐背景仿佛带领观众回到了生命的起源，体验那份最原始的纯粹与美好。而这种音乐的体验，与模特的造型、服装、舞台背景等各个元素相得益彰。舞台设计上，白色作为主调，与中国传统的红色地毯形成鲜明对比。新媒体技术所带来的白色灯光与蓝色灯光的融合，又使舞台不至于显得过于单调。新媒体技术还被运用在舞台的三维效果上，通过平面背景板伸出的头和双手，为观众带来了视觉上的冲击。然而，最引人注目的，还是那身穿反光服装的模特。模特似乎在这个充满科技与艺术气息的舞台上自由飞翔，而身后的新媒体反光带似乎成了模特的翅膀，带领模特在灯光的照射下，更加鲜明地展现出服装的主题和设计师的创意。这样的舞台表演，不仅仅是简单的服装展示，更是充满情感与哲理、困惑与探索的艺术展现。新媒体技术为这样的展现提供了更为广阔的可能性，也为设计师提供了更多的创作空间。从这个角度看，新媒体与服装表演之间的结合，实际上是现代科技与传统艺术之间的完美融合，为观众带来了前所未有的艺术享受。

2012/2013 秋冬 Franck Sorbier 高级定制发布会上，法国设计师弗兰克·索比尔（Frank Sorbier）不满足于仅仅通过模特和服装向观众展示其设计理念，而是创造了一场穿越梦境的视觉盛宴。在这次发布会上，舞台成了一个真实与虚拟相结合的空间，使得每一位观众都能身临其境，沉浸其中。舞台中央的模特，身着一身白色礼服，成为新媒体技术展现的画布。随着舞台右侧模特的造型变换，这件白色礼服上开始映射出如璀璨星空的动态图案。而后，这些图案又变成了少女的粉色，色彩绚丽，变幻莫测。不仅如此，服装上的几何图形、色彩和自然景色都在不断地变换，使得每一次眨眼，都会看到全新的设计。大片的花朵、白鸽和蝴蝶更是从裙摆中飞出，宛如梦境中的场景。这种新媒体技术为模特的造型设计提供了无限的可能性。在短短 4 分钟的时间里，新媒体技术为这件白色礼服投影出近20种动态图案。这不仅仅是对技术的一次尝试，更是对服装设计的一次重新诠释。它使得服装不再是被动地展示，而是成为生动、活泼、充满变化的艺术形式。这场发布会无疑是对服装设计师和观众双方而言的一场视觉盛宴。设计师有了更多的空间来表达自己的设计理念和情感，而观众能够更加深入地了解和感受到每一个设计的细节和背后的故事。

可以看出，新媒体技术在服装表演舞台设计中所起到的作用是不可替代的。它不仅为设计师提供了更多的创意空间，也为观众带来了更加震撼和难忘的观赏体验。随着技术的不断进步，可以预见，未来的服装表演舞台将会更加丰富多彩，也更加引人入胜。

（二）服装表演舞台中的空间影像艺术

1.数字虚拟影像艺术营造了服装表演舞台空间氛围

在现代社会，技术与艺术的碰撞产生了许多独特而令人难忘的体验。特别是在服装表演舞台上，空间影像艺术已经成为一个重要的元素，为舞台增添了更多的魅力和深度。

传统的服装表演依赖于周围的实际环境进行设计，这往往受到既定空间的限制，难以真正展现时空的变化和延展性。在这种背景下，服装表演很难突破其固有的框架，为观众呈现真正令人震撼的视觉体验。然而，随着数字虚拟影像技术的不断进步，服装表演舞台的空间感受和氛围得到了前所未有的革命性变化。数字虚拟影像技术允许设计师创造出超越现实的虚拟环境，打破了既有的时空限制。舞台环境因此得以延伸和发展，成为一个充满可能性的空间，可以根据表演的内容和主题随时进行变化。这种技术的引入不仅提高了舞台表演的视觉冲击力，也为设计师提供了更多的创意空间。此外，数字虚拟影像技术还可以较好地变换舞台空间环境，为观众创造出一种仿佛置身其中的沉浸感。当真实的空间与虚拟的空间相互转化时，观众的感官将完美地与舞台环境融为一体，达到一种难以言喻的心灵共鸣。

2.影像艺术扩展了服装表演舞台视觉空间

数字虚拟影像技术作为新媒体的代表，在现代舞台上已经成为不可或缺的元素。其应用不仅仅丰富了舞台的视觉体验，更为传统的舞台设计带来了颠覆性的变革。特别是在服装表演舞台中，影像艺术与时尚设计相结合，将舞台空间提升到全新的高度。

在传统的服装表演中，舞台的主要构成元素为 T 形的设计，包括伸展台和背景墙之间的横台。横台作为表演的核心，起到了连接模特和观众、展现服装之美的关键作用。然而，在很多时候，横台的利用并不充分，仅仅被视为背景的补充，其潜力并未完全被挖掘。随着数字虚拟影像技术的引入，这一局面得到了彻底的改变。通过高精度的图像投影和三维渲染，横台不再是一个简单的连接部分，而是变成了一个充满艺术感的展示空间。这种技术的应用，让观众仿佛身临其境，能够感受到大自然的空旷、景色的壮观以及每一件服装所代表的独特故事。[①] 在服装表演中，如何让服饰更加生动，如何让观众更加深入地理解服饰的设计理念和背后的故事，是每一位设计师和导演始终追求的目标。而数字虚拟影像技术恰恰提供了这样的可能性。模特在 T 台上的每一个步伐、每一个动作，都可以与背后的虚拟场景相互呼应，相互融合，为观众展现出一幅幅服装与环境、服装与故事完美结合的画面。此外，数字虚拟影像技术也为舞台设计带来了更大的灵活性。在过去，设计师需要考虑舞台的大小、形状、位置等众多物理因素。但现在，这些因素都可以通过技术来调整。例如，一个小型的室内舞台，通过数字化技术的运用，可以变得宽敞、开阔，甚至可以变成一个无垠的宇宙空间，或是一片浪漫的海滩。

而对于观众来说，数字虚拟影像技术为他们带来了更多的选择和自由。他们可以选择站在 T 台的哪一个位置，从哪一个角度观看表演，甚至可以通过某些互动设备，参与舞台的设计和变化。这种全新的观看体验，不仅使观众更加沉浸在表演中，也使服装表演成为一种更加交互性和沉浸式的艺术形式。

（三）新媒体技术在服装表演舞台设计中的运用方式

新媒体技术的发展是舞台设计手法与舞台呈现方式完美结合的重要支撑。[②] 其发展为舞台设计带来了新的观念、新的方法和新的角度。在服装

---

① 刘元杰.模特艺术表现[M].北京：化学工业出版社，2015：36-38.

② 李芝.新媒体表演艺术的创意表现[D].北京：北京服装学院，2012：9.

表演中，这种技术的融入不仅满足了观众对视觉美的追求，更重要的是为观众创造了一种独特的体验，让他们与表演模特和整个舞台空间产生共鸣。

1.新媒体灯光构建

在当代的服装表演中，新媒体技术正在逐步地改变舞台设计的传统观念。其中，新媒体灯光构建在服装舞台表演中的应用引人注目。传统上，舞台设计和灯光照明都是为了更好地展现服装和模特的风采，但在新媒体环境下，这两者的关系变得微妙和复杂。

新媒体环境下的服装表演往往以室内为主，因为这样可以更好地控制和调整灯光效果。与户外表演相比，室内表演场地占地广泛，使得天然光线难以满足演出的需求。因此，强化和优化舞台灯光显得尤为重要。不同于普通的照明工具，舞台灯光需要根据服装的风格、材质和颜色，以及模特的动作和节奏，进行精心设计和调整。模特在台上走秀时，每一个动作、每一个转身，甚至每一个眼神都需要得到适当的灯光衬托。这不仅能突出服装的细节和美感，也能为观众创造一个充满艺术感的观看体验。例如，柔和的灯光可以强调轻薄材质的流畅感，而强烈的聚光可以使饰品和亮片璀璨夺目。对于整个演出，照明并不是灯光唯一的作用，还是一种展示舞台更好效果的方法。

在新时代的舞台上，传统的灯光技术已经逐渐被新媒体灯光技术所取代。这不仅是因为新媒体灯光技术更为先进，更重要的是，它能为观众带来更为立体、真实的体验。新媒体灯光技术能够精准地控制每一个光源，从而创造出各种各样的效果。这种技术不仅仅是为了展现服装的美观度，更多的是为了与服装艺术相结合，共同为观众带来视觉和情感的双重冲击。对于不同的服装，人们对其的感知和情感是不同的，同样的服装在不同的灯光下，所展现出的风格也是截然不同的。服装设计师和灯光师之间的合作变得越来越紧密。他们共同研究如何利用新媒体灯光技术，将服装的美观度与艺术性完美结合。例如，在展示一款具有东方风格的服装时，灯光师可能会选择用温暖的金黄色光线打亮舞台，以此来衬托服装的质感和东方的神秘感。而对于一款简约风格的服装，可能会选择冷色调的灯光，使整个舞台显得简洁而不失高雅。不同颜色的光所产生的效果不同，这为舞台设计提供了无限的可能性。在一场服装展演中，观众可能会看到从朝霞到黄昏，再从夜晚到黎明的景象。这些都是新媒体灯光技术所带来的魅力。这种技术不仅仅局限于为观众带来视觉上的冲击，更重要的是，它能够引发观众的情感共鸣，使观众仿佛置身于一个真实而又充满艺术感的世界之中。

2. 全息投影的运用

现代服装表演舞台设计通过新媒体新技术与服装艺术、公共艺术、环境设计等与边缘学科的融合，进而延伸出了丰富多样的设计理念和审美追求。① 对于服装表演而言，展示服装的细节和整体设计风格至关重要。全息投影使得服装可以在舞台上以 360 度全方位的形式呈现，让观众能够从不同角度观察服装的细节，包括布料的纹理、缝制的工艺，甚至是设计师的细微构思。

Burberry，作为世界上知名的时尚品牌之一，已经在多个场合运用了这项技术。2014 年的"上海盛典"便是典型的例子。在此次活动中，Burberry 精心设计并融合了投影技术、舞台创新布景、墙面投影和数码投射等多种技术，成功地将一个实体时尚展演转化为一场视觉盛宴。在这次表演中，投影技术不仅使整个场景变得浪漫而又时尚，还为观众呈现了一场充满动感的歌剧式表演。当灯光与投影完美结合时，观众仿佛置身于一个真实而又超现实的世界，随着音乐的起伏，被带到了一个又一个梦幻的时空之中。更为令人印象深刻的是，Burberry 在此次表演中成功地将伦敦摄政街的标志性街景与上海的地标性建筑结合起来，将两种文化背景完美地融合。这样的设计，不仅增强了整体的视觉冲击力，更为观众带来了前所未有的体验。电影元素的运用也是此次活动的一大亮点。通过电影式的叙事方式，Burberry 为观众"讲述"了一个关于品牌文化的动人故事。每一帧画面、每一个场景，都仿佛是一个完整的故事片段，引导观众逐渐深入 Burberry 的品牌世界。全息投影技术在此次 Burberry 的表演中所展现出的魅力，证明了新媒体技术在服装表演舞台设计中的巨大潜力。它不仅可以为设计师提供更多的创意空间，也可以为品牌带来更多的传播机会。而

---

① 王贤锋.全息术的历史与发展 [J].现代商贸工业，2007（5）：3.

对于观众来说，这样的技术融合不仅满足了他们对于视觉的追求，更为他们提供了全新的艺术体验。

2019年清华美院服装与服饰设计毕业作品发布会，利用全息投影技术，中间的幕布和背景成为舞台空间设计的焦点，给人一种未来科技感。这种前沿技术为设计师提供了一个全新的平台，使他们能够更好地展现自己的设计理念，突破了传统的舞台表演的局限。而这场表演更是融合了多种元素：从东方到西方，从社会到个人，从经典到创新，从天然到人造，以及新技术和新材料。这种多元化的表现形式不仅使观众对时尚有了更深入的理解，也为他们展现了生命的多样性和永恒之美。每一套服装、每一道光影，都成为艺术与技术相互碰撞的结果，为人们带来了无与伦比的视觉盛宴。

3. 数字虚拟化的运用

在现代舞台表演中，数字虚拟化已经成为一种不可或缺的元素。服装数字虚拟影像展示，不仅仅是展现空间与时间的艺术，更代表了一种全新的审美体验。模特走上舞台，每一个细微的动作、每一个眼神都与服装相互映衬，共同展现出难以言喻的美感。而当这些传统的表演元素与现代的信息化技术相结合时，所展现出的艺术效果更是令人叹为观止。数字化技术的引入，使得设计师的原创理念可以更为准确、直观地展现在观众面前。而当这些设计理念与声音、灯光、模特的动作以及服装相互融合时，所产生的效果远超传统舞台表演。它不是一种简单的视觉体验，而是一种包含听觉、触觉及情感的全方位体验。①

数字虚拟影像所带来的最大变革，无疑是其强大的视觉化能力。传统的服装表演，观众的体验往往局限于模特的身体、动作与舞台的基本布景。然而，有了数字虚拟技术的支持，服装不再只是单纯地被展示出来，而是被赋予了丰富的故事背景和情境感知。观众可以看到，当模特展示一套春夏新款时，舞台背后仿佛就是蓝天白云、鸟语花香的大自然；而当展示冬季服饰时，舞台则变得瑞雪飘飘，银装素裹。这样的场景，使得观众

---

① 奥列弗.格劳.虚拟艺术[M].陈玲，译.北京：清华大学出版社，2007：117-120.

仿佛置身某个特定的时空之中，深入感受到服装所带来的魅力。数字虚拟影像不仅仅是在背景上做文章，更可以通过精准的技术，将服装的颜色、款式和布料的纹理进行细致的放大和呈现。观众不再满足于从远处欣赏，他们可以近距离地看到布料上的每一根纤维，感受到每一个缝线所带来的质感。这种高度的视觉放大和真实感，无疑极大提高了观众的认知度。当他们看到服装时，接收到的不仅仅是表面的美感，更是其中蕴藏的每一个细节和设计理念。这种细致入微的展示方式，使得观众在欣赏过程中，形成了深厚的情感共鸣。他们不再只是被动地欣赏，而是积极地与服装互动，对其进行思考和体验。

德国高级设计师 Stefan Eckert 在德国汉堡举行的"Symphony Space Blues（交响空间蓝调）"成为数字虚拟化服装表演的典范。这场独特的服装展示，虽然仅有一位模特出场，但充分展现了数字虚拟化技术与时尚艺术的完美结合。模特的身姿、动作，甚至是微妙的表情，都与数字虚拟影像紧密结合，共同构建了一个梦幻般的舞台。而模特的任务远非传统意义上的简单走秀，她与虚拟世界中的影像进行了高度的互动。这种互动为服装赋予了丰富的情感与故事性，使得整场表演引人入胜。当模特夸张地甩发、做出各种动作时，虚拟影像与她的动作完美同步，为观众呈现了一幅幅令人震撼的画面。每一个细节，无论是模特的动作，还是数字影像的变换，都凸显出这场服装表演的独特魅力。这场表演不仅仅是一场服装展示，更是一次技术与艺术的完美结合。它挑战了传统服装表演的理念，为时尚界注入了新的活力和创意。通过数字虚拟化技术，Stefan Eckert 成功地为观众带来了一种全新的观赏体验，使人们对于服装的认识和理解达到新的高度。在未来，随着技术的不断进步，数字虚拟化在服装表演舞台设计中的应用将会越来越广泛和深入，为时尚界带来更多的可能性和机遇。

二、服装表演舞台设计中新媒体发展趋势

新媒体技术为服装表演舞台设计开启了新的篇章，使其从简单的展示平台转变为充满无限可能的艺术空间。

（一）服装表演舞台设计中新媒体形式多样化发展

服装表演舞台设计已不再仅仅是一种静态的展示方式，而是与多种艺

术形式结合，构成了一个全新的艺术体验。与其他艺术形式的融合，不仅仅是为了追求外部的形式变革，更多的是为了满足人们日益丰富的审美需求，追求更高层次的艺术享受。此外，随着新媒体技术的不断进步和普及，它已成为服装表演舞台设计中不可或缺的一部分，为舞台设计带来了前所未有的可能性。

由于新媒体技术应用的广泛影响，人们的感官体验已经超越了传统的视觉和听觉边界，注重互动和沉浸式体验。这种变化的背后，是计算机技术的革新，它为艺术家和设计师提供了更多的工具和手段，使他们能够打破传统的表达方式，创造出全新的艺术形式。对于服装表演的舞台设计来说，新媒体技术的引入不仅仅是在形式上的创新，更多的是在内容、技术和观念上的整合。在视听觉方面，计算机技术的应用不仅能够实现更为真实的 3D 效果，还可以通过虚拟现实、增强现实等技术，为观众带来前所未有的互动体验。通过与计算机技术的结合，服装表演舞台设计可以更好地呈现服装的美学价值，满足现代人对于美的追求。服装表演舞台的多样化发展也得益于新媒体技术的推动。不同于传统的舞台设计，新媒体技术允许设计师尝试更多的创意和手法，如动态映射、数字投影、互动传感器等，为舞台带来了无限的可能性。这些技术的应用，使得舞台设计不再受限于物理空间，而是可以穿越时间和空间，为观众带来丰富的艺术体验。

当今时代，新媒体技术，如动作捕捉和 3D 即时成像，正逐渐被纳入服装表演的舞台设计，为观众带来了前所未有的观看体验。[①] 动作捕捉技术使舞台上的表演者可以与数字化的环境更加自然地互动。通过捕捉演员的动作和表情，舞台背景和道具可以做出相应的反应，打破了传统舞台表演的限制，创造了一种更加沉浸式的表演体验。不仅如此，这一技术还为表演者提供了更多的创作空间，允许他们在表演中更加自由地发挥。3D即时成像技术则是另一个革命性的创新。这一技术能够实时地将三维的图像投影到舞台上，为服装表演增添视觉上的立体感。服装的细节、质感、颜色等可以被更加真实地展现出来，为观众带来近乎真实的观感。更值得

---

① 冯娟.服装表演的传播模式变化初探 [J].内蒙古师范大学学报（哲学社会科学版），2012（1）：4.

一提的是，通过 3D 即时成像技术，服装设计师可以为观众展现出更为丰富和细腻的设计理念，将设计师的创意和技艺完美地融合。正是由于这些新媒体技术的广泛应用，服装表演舞台设计中的媒体形式正在朝着多样化的方向发展。这不仅为服装表演注入了新的生命力，也为观众带来了丰富的艺术享受。随着技术的不断进步，可以预见，未来的服装表演舞台设计将更加多元化、高科技和富有创新性。同时，新媒体技术的应用也为服装品牌和设计师提供了更多的机会。他们可以利用这些技术为观众呈现更为完美和专业的服装表演，提升品牌形象，吸引更多的消费者。对于观众来说，他们可以更加直观地了解到服装的设计理念，更加深入体验到服装的魅力，从而提高购买意愿。

（二）舞台智能穿戴装置在服装表演舞台设计中的应用与发展

舞台智能穿戴装置是一种新型的智能服装，它是根据舞台情形而设计开发的一种表演用具。[①] 舞台智能穿戴装置已逐渐成为现代舞台设计中的一颗璀璨之星。这些设备不仅为舞台带来独特的视觉效果，还引领了一场服装科技的革命。根据表演的需求和情境，设计师为模特创造出独一无二的智能服装，这些服装融合了科技和艺术，赋予舞台更多的可能性。

例如，智能服装上的 LED 灯不仅可以发光，还可以根据模特的动作或音乐的节奏变化颜色，为观众带来震撼的视觉体验。这种互动性将舞台表演提升到新的层次，使模特和观众之间产生了前所未有的连接。英国女歌手 Katy Perry 的 LED 灯饰礼服便是此类技术的杰出代表。每当她在舞台上移动或转身，礼服上的灯光就会变化，与背景音乐相呼应，为她的表演增添了更多的魅力。除了这些视觉效果，智能穿戴装置还为人们提供了全新的通信手段。它们被巧妙地嵌入服装，如同装饰品，既美观又实用。而最具代表性的案例非 DVF 品牌与谷歌合作的智能眼镜莫属。在 2013 年的 DVF 春夏女装发布会上，这种眼镜让每一位到场的人成为一名摄影师。通过这款眼镜，观众可以从自己的视角捕捉秀场上的每一个精彩瞬间，甚至可以用语言指令控制拍照和录像，实现了前所未有的互动体验。舞台的表演不再仅仅局限于模特的走秀，智能设备的加入让舞台变得更加丰富多

---

① 郭巍. 虚拟现实技术特性及应用前景 [J]. 信息与电脑（理论版），2010（5）：2.

彩。随着技术的进步，可以预见，未来的舞台将更加注重观众的参与感和互动性，而智能穿戴设备无疑将在其中扮演一个重要的角色。

回顾近年来的发展，智能穿戴装置的出现为舞台表演开辟了新的天地。它们不仅赋予了舞台更多的创意元素，还挑战了传统舞台设计的边界。从 Katy Perry 的 LED 礼服到 DVF 与谷歌的智能眼镜，可以看到舞台与技术之间的完美结合，为观众带来了一次又一次的视觉盛宴。

（三）3D 打印技术在服装表演舞台设计中的应用与发展

在科技飞速发展的今天，3D 打印技术逐渐成为前沿的代表，并开始在多个领域中取得令人瞩目的成果。特别是在服装行业，这一技术的出现为整个行业带来了颠覆性的创新。3D 打印技术旨在将数字模型通过特定的材料实现数字化打印，进而转化为实物。[①] 相比传统的制作方式，3D 打印既有助于提高生产效率，又为设计师提供了无限的创意空间。

进入 21 世纪初期，3D 打印技术在服装领域的应用开始逐渐显现。尤其在大型的服装秀场，3D 打印制作的服装成为一道独特的风景线。它不仅仅是传统材料和工艺的延续，更是设计师对未来服装的全新想象。荷兰设计师 Iris van Herpen 的作品就是最好的证明。她被誉为 3D 打印时装的女王，在短短 8 年的时间里，她成功地用 3D 打印技术呈现了 20 场震撼的服装展示。这些 3D 打印的作品充分展示了未来服装的可能性，也为传统的服装设计提供了新的启示。与传统的服装制作相比，3D 打印技术具有更高的灵活性和准确性。它能够在短时间内将设计师的想象力转化为现实，实现那些传统工艺难以完成的设计。此外，3D 打印服装更具有个性化的特点，可以根据每个人的身体数据进行定制，确保服装的合身与舒适。这些优势使 3D 打印在服装领域获得了越来越多的关注和应用。

---

① 徐艺，张梅，吴绡怡.论服装表演与服装设计的关系 [J].科技创新导报，2009（21）：2.

第五章　服装表演中的场地设计与制作

第一节　场地布局与台型确定

一、服装表演场地布局

（一）观众席布局与设计

在服装表演中，观众席布局与设计是关键的组成部分，因为它直接决定了观众的视线和其对服装的感知。合理和精心设计的观众席布局可以确保观众从不同角度都能看到舞台上的每一个细节，从而使服装的展示效果达到最佳。

为了达到这一效果，需要考虑以下几个方面：

1.观众席的形状与结构

服装表演是一场融合视觉与审美的盛宴，而观众席的形状与结构则是决定观众视觉体验的关键要素。其中的每一个选择，都会对服装在台上的展现产生极大的影响，决定着设计师的心血是否能得到完美呈现。

在许多高端的服装发布会中，T台成为首选。这种舞台形态可以使模特沿着T台的"走道"展示服装，从而允许观众从正面和侧面欣赏到服装的细节。而配合此种舞台的，通常是弧形的观众席布局。弧形布局确保了每位观众都能对中心舞台有一个较为完美的视角，尤其是当模特在T台的交叉点转身时，观众可以一览无余地欣赏到服装的全貌。这种组合形式，最大限度地确保了观众对服装的完整感知。与T台相对的，是扩展型舞台。这种舞台通常适用于较大的场地，允许模特们在更加广阔的空间内展示。为了配合这种广泛的舞台展示，直线型的观众席就显得尤为合适。直线型的观众席为观众提供了更为开阔的视野，使其能够从一个固定的角度观赏到模特从一侧走到另一侧，这种过渡与流动为服装提供了一个连续性的展示空间。而在一些更加创新的服装展示中，可能会出现组合型的舞台与观众席布局。这种布局通常结合了T型和扩展型的特点，在中心有一个T型的走道，而在两侧则有扩展的展示区。为了匹配这种复杂的舞台结构，观众席可以采用组合型布局，即中心部分为弧形，两侧为直线型。这种设计要求更高的空间规划和座席设计技巧，但如果成功执行，其展示效果将是前两种布局所不能比拟的。

近年来，随着科技的不断发展与进步，服装表演的舞台与观众席布局也在逐渐进行创新。例如，采用圆形的舞台，模特在中心展示，而观众则围绕舞台坐成一个圈。这种布局形式打破了传统的视觉习惯，为观众带来了360度的全方位体验。当然，这种布局需要复杂的灯光和音响设计来确保效果的完美。值得注意的是，不同规模的服装表演对于观众席的布局和结构有不同的要求。大型的国际时装周或高端品牌的发布会，往往需要宽广和开放的空间，而一些小型的、局部的设计师展示注重亲密和私密的氛围。因此，对于观众席的布局与结构的选择，还需要根据具体的表演规模和目标观众来进行细致的设计。

2.观众席的高度与坡度

服装表演是一种视觉艺术，它依赖于观众的目光和注意力。为了确保观众能够捕捉到每一个细节，场地的设计，特别是观众席的高度与坡度，变得尤为关键。这不仅能够影响观众的视野和体验，还决定了服装表演的效果和成功。

（1）观众席的高度：与舞台的相对位置。观众席的高度必须经过精心计算和设计。如果太低，观众可能只能看到模特的脚和舞台上的动作，而看不到服装的整体效果和上半身的动作。相反，如果太高，观众可能会失去与表演者之间的亲密连接，感到疏远。理想的高度应该是既能使观众从头到脚完整地观看到模特，又能感受到舞台上的氛围和动力。

（2）观众席的坡度：全方位的视觉体验。坡度是决定观众是否能看到舞台的关键因素。一个平坦的观众区可能会导致后排的观众看不到前面发生的事情，尤其是在大型场馆中。通过为观众席增加适当的坡度，不论是在前排还是后排，可以确保每个座位都有最佳的视角。

3.观众席与舞台的距离

观众席与舞台的距离是服装表演中一个经常被忽视但至关重要的元素，它对于展示服装的效果、观众的感受和整场表演的成功都起了决定性的作用。

服装表演的核心是展示服装设计的每一个细节，从材质、颜色到纹理和装饰。舞台与观众席之间的适当距离确保了观众能够清晰地看到这些细节。过近的距离会使观众失去对整体造型的感知，而过远则会导致观众错过了服装的一些关键特点。找到这一平衡点是确保服装被准确展示并得到应有关注的关键。服装表演不仅是模特在台上走秀，还包括与观众之间的互动。适当的距离可以增强这种互动，使观众感受到自己是表演的一部分，而不仅仅是旁观者。这样的设置可以为观众提供更加沉浸式的体验，从而增强其对表演的认同感。

舞台与观众席的距离还会影响舞台效果和氛围的创造。适当的距离可以确保灯光、音效和其他舞台效果得到最佳的展示。例如，柔和的灯光需要更大的距离才能在观众席上产生温馨、浪漫的氛围，而强烈的灯光则需要更近的距离来强调服装的某些特点。不同的观众群体对于观看服装表演的需求和期望可能会有所不同。例如，行业内的专家和设计师会更加关注服装的细节和创意，而普通观众则更加关注整体效果和氛围。因此，在设置舞台与观众席的距离时，还需要考虑到这些不同的需求和期望。

（二）舞台背景与视觉焦点设计

服装表演是一个多维度的视觉体验，旨在展示服装设计的创意和精妙之处。为了确保这些细节能够被充分展现并获得适当的关注，舞台背景和视觉焦点的设计显得尤为重要。这两种元素共同作用，创造出一个引人入胜的场景，增强服装的吸引力。

1.舞台背景：增强氛围与情感深度

在服装表演中，舞台背景为观众提供了一个情境，能够帮助其更好地理解和感受到服装所传达的信息和情感。一个合适的背景可以增强服装的主题，使其更加突出。例如，一个浪漫的婚纱系列可以在一个花园或教堂的背景下展示，以增强整体的浪漫氛围；而一个野性的都市系列，可以选择高楼大厦和城市天际线为背景，为观众呈现一个都市丛林的概念。

舞台背景还可以通过颜色、纹理和材质来与服装产生互动，为服装表演增加层次感和深度。使用柔和、渐变的颜色可以为观众创造出一个梦幻般的氛围，而强烈、鲜艳的色彩则可以为表演注入活力和能量。

2.视觉焦点：指引观众的视线

在服装表演中，视觉焦点是至关重要的。它可以指引观众的注意力，确保其不会错过任何精彩瞬间。通过巧妙地设置视觉焦点，设计师和导演可以控制观众的视线，使他们的注意力集中在重要的部分。在服装表演中，视觉焦点的设置可以通过多种方式实现。例如，可以利用舞台灯光、背景布景、道具等元素来营造出独特的氛围和效果。同时，模特的姿态、动作和表情也可以成为视觉焦点的重要组成部分。

视觉焦点的设计还需要考虑到整个舞台的布局。在一个长方形的舞台上，中心位置通常是最佳的视觉焦点。而在一个圆形或转盘式的舞台上，视觉焦点会更加分散，需要通过灯光和背景的变化来引导观众的视线。

3.背景与焦点的和谐结合

在设计舞台背景和视觉焦点时，两者需要和谐地结合在一起。背景不应该过于复杂或喧宾夺主，否则会分散观众的注意力。同样，视觉焦点也不应过于突兀或刺眼，以免使观众感到不适。一个成功的舞台背景和视觉焦点设计应该能够与服装和模特完美地结合在一起，为观众创造出一个连贯、有深度的视觉体验。这不仅可以增强服装的吸引力，还可以为观众带来一个难忘的观赏体验。

（三）通道与出入口规划

服装表演不仅是展现服装的美丽和设计师的创意，它还需要确保整个活动的流畅进行和所有参与者的安全。其中，通道与出入口的规划起到了关键性作用。正确、合理地规划通道和出入口不仅可以提高表演的效果，还可以确保模特、工作人员和观众的安全。

1.通道的重要性

在服装表演中，通道是连接舞台与后台、观众席与出口的重要纽带。它们需要宽敞、畅通，确保模特可以快速、顺利地上下台，同时也保证在紧急情况下，可以迅速、有序地疏散观众。

通道的设计还需要考虑到模特换装的需求。在一些大型的服装展示活动中，模特需要在短时间内多次更换服装。这就要求通道必须直通后台的化妆间和更衣室，使模特可以在最短的时间内完成换装并重新上台。此外，通道的材质和设计也需要满足服装展示的特殊需求。例如，地面需要平整、防滑，避免模特在走秀时摔倒；通道的照明也要适中，既能保证模特的安全，又不会影响到舞台的灯光效果。

2.出入口的布局

出入口的布局是服装表演场地规划中的另一个重要部分。正确的出入口布局不仅可以确保活动的流畅进行，还可以提高安全性和效率。为了满足模特、工作人员和观众的不同需求，通常需要设置多个出入口。模特和工作人员的专用出入口通常位于舞台的两侧或后方，方便其快速进出。而观众的出入口则需要考虑到观众的流动方向和数量，通常设置在场地的正面或两侧。

出入口的设计还需要考虑到安全问题。例如，出入口需要宽敞、无障碍，以确保在紧急情况下可以迅速疏散人群；出入口的地面也需要防滑、防火，并配备必要的安全设施，如消防器材、应急灯等。

二、服装表演台型确定

选择哪种台型取决于展示的需求、场地大小和表演风格。每种台型都有其独特的优点和特点，关键是如何最大化地利用它们为观众提供最佳的视觉体验。

（一）T 型台

T 型台（又称"T 台""T 型舞台"。"I 型台"等类似），因其形似英文字母"T"而得名，历来被誉为服装展示舞台的经典之选。在无数的时装秀、品牌发布会和其他相关活动中，这种台型都占据了重要的地位。它的设计既简洁又实用，同时又充满了艺术性，为服装和模特提供了一个完美的展示平台。T 型台的直线部分，也被称为"走道"，为模特提供了一个直线的行走路径。这种设计确保了观众可以清晰地看到模特从舞台的一端走到另一端时所展示的服装。正因为这样的布局，模特在行走过程中，可以更好地展现服装的动态效果，无论是裙摆的飘逸，还是裤腿的修长，都得以完美展示。而 T 型台的横线部分，通常位于舞台的前端，为模特提供了一个可以转身和展示的空间。这部分的设计是非常巧妙的，因为它允许模特在行走到舞台的尽头时停下，转身，然后继续前行。这样，观众就可以从不同的角度，尤其是正面和背面，欣赏到服装的每一个细节。对于那些设计精细，布料和做工都经过精心挑选的高端服装来说，这种展示方式无疑是最为合适的。如图 5-1 所示。

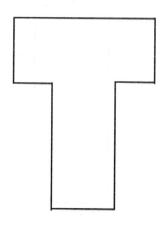

图 5-1　T 型台

（二）I 型台

I 型台，名字源于其线条简练、纵深展开的设计特征，呈现出一个纯粹的直线形状，与 T 型台相似，但却不带有横截面。这种简约的设计赋予了 I 型台特有的风格与应用场景。简洁是 I 型台的明显特点。它去掉了 T 型台横向的展示部分，形成一个纯粹的直线，使得模特可以在这一线性路径上进行行走和展示。这种设计为模特提供了一个无干扰的展示空间，确保观众可以毫不分心地关注模特和其身上的服装。

对于那些场地受限或希望将展示空间最大化的场合，I 型台成为首选。它的直线设计意味着更少的材料和结构需要，同时也减少了建设和布置的复杂性。这使得 I 型台特别适用于较小的场地，或者那些希望在有限的空间内最大化观众体验的活动。另外，I 型台的设计也使得模特与观众之间的距离更为接近。没有额外的转角或展示区，模特走在台上，几乎是与观众面对面的。这种直接的互动为服装展示增加了更多的亲密感，使观众更容易沉浸在服装的魅力中。I 型台的另一个明显优点是其快速的流动性。由于其简单的直线设计，模特可以快速进入和退出舞台，使得表演的节奏更为紧凑。这种快节奏的展示形式特别适用于那些需要连续展示多套服装，或是在有限的时间内展示大量作品的场合。如图 5-2 所示。

图 5-2　I 型台

（三）X 型台

X 型台，以其独特的交叉形状定义了一个新的舞台维度。这种设计引入了一个创新的视觉效果，打破了传统的线性展示模式，为服装展示注入了新的活力和创意。与单一直线的 I 型台或 T 型台相比，X 型台允许模特从多个方向进入和离开舞台，创造了更多的展示机会和变化。每一条路径都为模特提供了与观众的互动机会，观众无论坐在哪个位置，都能够近距离地欣赏到服装的艺术美与细节。

此外，这种多角度的展示方式也意味着可以对服装从各种不同的视角进行展示。这对于那些设计细节丰富、需要从多个角度展示的服装来说，是一个巨大的优势。而对于观众而言，这种多样化的展示方式也意味着他们可以得到一个更加丰富和立体的视觉体验。X 型台特别适用于大型场地。因为其交叉的设计，可以充分利用空间，使每一个角落都成为展示的焦点。而这种充分利用空间的特点，不仅仅是对场地的最大化利用，更是对观众视觉体验的一种尊重和提升。无论坐在哪里，每一位观众都能够得到一个完美的视觉角度，完整地欣赏每一套服装。如图 5-3、5-4 所示。

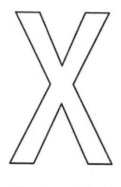

图 5-3　X 型台

图 5-4　X 型台的变形体

（四）H 型台

H 型台的基本构造是由两条平行的直线段连接一个横线段组成，外观上宛如字母"H"。这样的设计为模特提供了多条进出舞台的路径，并且在舞台的中心部分设置了一个主要的展示区域。这种布局在视觉上不仅简洁明快，而且具有很高的实用性，特别是在需要多名模特同时展示的场合。如图 5-5 所示。以法国设计师索尼亚·里基尔（Sonia Rykiels）为例，在她的表演中，H 型台允许多名模特同时登台，形成了一种视觉上的饱和感。这种大量的模特集结形成的效果，配合她设计的带有简单斑点花纹的服装，成功地吸引了观众的注意力。与其他台型相比，H型台在这种情况下为模特提供了更多的自由度和空间，使得表演看起来更为流畅和协同。此外，这种台型允许模特在台上形成各种有趣的构图和阵型。例如，模特可以从两侧进入舞台，并在中心区域集结，也可以按照特定的路径和节奏进行移动，形成一种动态的展示效果。索尼亚·里基尔正是利用了这一特点，通过精心设计的走台路线和模特间的互动，使得整场表演既有序又充满变化。

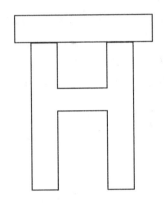

图5-5　H型台

（五）Z型台

Z型台，与其名字所暗示的形状相似，展现了一个折线式的设计，仿佛在舞台上刻画出了一道闪电。与传统的线性台型相比，Z型台的主要特点是其非直线、曲折的走台路径。这种独特的设计在服装展示中有着不可或缺的作用，为模特和观众都带来了不一样的体验。

Z型台的曲折路径为模特提供了更多的展示机会。每次模特在走台过程中抵达一个折线点，都是展示的高潮时刻。这样的设计允许模特在每一次转弯时，都有机会展示服装的不同面貌，无论是前视角、侧视角还是后视角。每一次转弯都成为观众关注的焦点，每一个角度的转变都能为服装带来全新的展示效果。对于观众而言，Z型台带来的不仅是视觉上的新鲜感，更多的是期待和惊喜。由于其具有非线性的特性，观众很难预测下一秒模特会出现在哪个位置。这种不确定性为观众带来了更多的好奇和期待，使得每一次转弯、每一位模特的出现都充满了新鲜感和惊喜。此外，Z型台的设计还考虑到了空间的最大化利用。在有限的场地中，Z型台通过其曲折的路径，实现了空间的延展和扩展。这不仅为模特提供了更长的走台时间，还确保了观众在任何位置都能够获得良好的观看体验。而且，Z型台的每一段线性部分无论是长度还是方向都可以根据展示的需要进行调整。这种灵活性使得Z型台能够适应各种场地和需求，为不同的服装展示提供了无限的可能性。

（六）Y型台

Y型台，具有一个中心轴线和两个或更多的分支，形成了一个类似字母"Y"的结构。这种台型的设计理念是基于创造多个视觉焦点，并充分利用舞台空间，确保每位观众都能从多个角度欣赏到服装的细节。Y型台的中心轴线通常作为模特的主要走台路径，而其分支则为模特提供了多个展示的机会。每当模特走到一个分支的尽头时，都会成为那一刹那的视觉焦点，吸引观众的集中关注。这种设计使得每一位模特都有机会成为焦点，每一套服装都能被充分展示。

对于观众来说，Y型台为其带来了丰富的视觉体验。不同于传统的直线或T型舞台，Y型台允许观众从多个角度看到模特和服装。而模特在Y型台的走台过程中，需要频繁地改变方向，这不仅考验了模特的专业技能，也为观众带来了连续的视觉刺激。Y型台的设计非常适合大型的展示场地。它的多分支设计意味着可以有更多的模特同时进行表演，这无疑会为观众带来视觉上的盛宴。而在较小的场地中，Y型台的分支可以根据实际需要进行缩减或延伸，保证最大化地利用空间。

（七）U型台

U型台，呈半圆形或"U"字形状，为服装表演提供了一个独特的空间布局。它的设计哲学重视模特与观众之间的亲密互动，同时确保服装在多个视角下都能得到充分的展示。这种舞台形式非常适合那些期望增强观众与模特之间联系的服装展示。其半圆形的轮廓为观众提供了接近180度的视觉角度，这意味着当模特沿着U型台行走时，不仅在舞台的前方，而且在两侧都会受到观众的关注。这为服装设计师提供了一个绝佳的机会，确保他们的设计从各个角度都能展现其魅力。

　　U 型台的每一个弯曲点都为模特提供了一个自然的转身和展示点。当模特走到 U 型台的尽头或中间时，自然会停下来展示服装，给予观众更多的时间来欣赏服装的细节。这种停留与展示的机会增加了服装与观众的互动时间，也提供了更多的机会强调服装的特点和亮点。由于其形状，U 型台为观众带来了一种环绕式的观赏体验。无论观众坐在哪个位置，都能够从接近的距离欣赏到服装的细节。如图 5-6 所示。

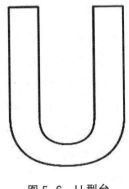

图 5-6　U 型台

第二节　灯光设计与音乐选择

一、服装表演的灯光设计

（一）灯光的属性

　　灯光设计在服装表演中的重要性不容忽视。通过对灯光属性的深入理解和恰当的应用，可以使表演更具吸引力，为观众带来独特的视觉和情感体验。

1.装饰性

在服装表演的舞台上，灯光的装饰性为观众打造了一个与众不同的审美空间，使得观众仿佛置身于一个魔幻的世界之中。而这正是灯光装饰性的核心所在，即通过光线的变化与色彩的搭配，创造出一种具有感染力的艺术效果。

不同色调、亮度和投射方式的灯光可以营造出与服装设计主题相匹配的氛围。比如，一场以冰雪为主题的时装秀，会选择蓝色调的灯光，模仿冰雪中的寒冷和纯洁。而一场以沙漠为主题的时装秀，则会采用金色和橙色的灯光，模仿沙漠中的炎热和干燥。这种与服装主题相匹配的氛围，为服装添加了情感深度，使观众不仅仅是欣赏服装本身，更是被融入其中的情感所打动。正因如此，灯光的装饰性不仅在于其颜色和亮度，还包括其如何与音乐、背景和模特的动作相互作用，共同营造出一个完整的艺术体验。

2.指向性

灯光在服装表演中不仅仅起到照明的基本功能，更担负着将观众的目光吸引至模特以及服装的重要任务。这一属性称为灯光的"指向性"。有效的指向性能确保观众的注意力始终集中在舞台的焦点上，即那些细致入微、设计精良的服装细节上。

在时尚界，每一条缝线、每一个装饰，甚至每一种布料的褶皱都是设计师的用心之处。灯光的指向性恰好能够捕捉这些细节，并将它们呈现给观众。例如，通过使用聚焦技术，某一件服装的精美绣花或手工缝制的细节可以被明亮地凸显出来，使之成为整场表演的亮点。对于一些具有流动性和延展性的服装材料，灯光的指向性也可以帮助观众捕捉到材料随风飘动或模特行走时产生的流畅线条。这些细节往往为服装增添了动感和生命力。指向性还对服装颜色的展示起到关键作用。当灯光精准地打在某种特定颜色的服装上时，无论是柔和的浅色系还是饱满的深色系，都能得到最真实的展示。这样不仅满足了设计师对于色彩真实再现的追求，更让观众能够深刻感受到色彩所蕴含的情感与意境。

3.造型性

舞台光的造型性并不仅仅是将模特和其所穿戴的衣物照亮，更是通过细致的光线设计，强调、凸显甚至改变服装和模特的整体形态。通过光的艺术，观众所看到的不仅仅是一场视觉盛宴，更是一个被光雕刻、被光赋予生命的三维展现。

无论是轻盈的纱、光滑的丝绸，还是粗糙的棉麻，每种面料都有其独特的肌理。在日常生活中，这种肌理可能并不那么明显，但在恰当的舞台光照下，它们就如同被放大的细节，为观众展现出一个令人惊艳的视觉效果。每一个纹路、每一处褶皱都通过灯光被赋予了深度和动态，使得服装呈现出一个完全不同的面貌。此外，在服装表演中，模特身穿的不仅是单一的衣物，很多时候，身上的服饰都是由多层面料堆叠、搭配而成。通过巧妙的舞台光线，可以使得这些层次得到完美的展现。深色与浅色、透明与不透明、光与影的交错，都为服装添加了丰富的层次感。每一层都是其独特的存在，但又和其他层次和谐地结合在一起，为观众展现出一个完美无瑕的整体。而模特面部的立体感也是灯光造型的重要组成部分。适当的光线可以将模特的五官雕刻得更加清晰、立体。它可以突出颧骨的高低、鼻梁的线条、眼眸的深邃。当模特走在T台上时，恰到好处的光线可以使其面部呈现出最佳的状态，既能突出自然美，也能与服装和谐统一。

4.结构性

在舞台艺术中，光线不仅是一种照明手段，也是一个构建、划分和诠释舞台空间的有力工具。结构性的灯光在这里发挥着关键作用，为整个服装表演提供了清晰的导向和结构化的视觉体验。

舞台空间并不是一个简单的、统一的背景，而是由多个微观和宏观的空间元素组成。每一道光线、每一个明暗的过渡，都可以为这些空间元素提供明确的定义和界限。例如，通过将某一部分舞台照亮，可以使其成为焦点，而其他区域则相对回归到背景。这种明确的空间划分，使得观众可以更加聚焦于舞台的关键元素，如模特、服装或其他道具。服装表演的舞台往往是一个动态的空间，模特在其中移动，转换位置。结构性的灯光可以为这些移动提供线索和导向。例如，通过灯光的引导，模特可以从舞台的一侧移动到另一侧，或从前台移动到后台。这种灯光的动态变化不仅增加了表演的节奏感，还使得观众更加流畅地跟随模特的移动，理解模特在空间中的位置和路径。

除了这种明确的空间导向外，结构性的灯光还可以为舞台空间提供层次感。通过调整灯光的强度、方向和分布，可以为舞台创造出深度和立体感。明亮的前台和相对暗淡的后台，可以为观众提供一种空间的纵深感，使得整个服装表演更加有层次、内容更加丰富。此外，结构性的灯光还可以为服装表演提供情境和情感背景。例如，通过调整灯光的色温和色调，可以为舞台创造出温暖、冷静、梦幻或现实的氛围。这种情境的营造，可以使得服装的展示更加生动、有情感，与观众产生更深的共鸣。

5.运动性

在视觉艺术中，灯光绝非一个静态的元素，它拥有生命和节奏，能够像流动的水或舞动的火焰一样，随时变换其形态。运动性是灯光设计中的一个核心特点，它为舞台空间注入了活力和动感，成为表演中不可或缺的组成部分。

服装表演是一个充满活力和变化的艺术形式。每一位模特，每一件服装，都在不断地移动和变换。灯光的运动性正好与之相呼应，为这种活跃的舞台氛围增添了更多的维度和深度。灯光的快速变换、移动和闪烁都成为表演的有力辅助，使得整个舞台充满了动感和韵律。同时，灯光的运动性还可以用来创造各种特效，如模拟日出、日落、流水或火焰等。这些特效不仅增加了表演的视觉吸引力，而且为服装的展示创造了一个特定的情境或背景。这种情境的营造使得服装不仅是一个物品，也是一个故事的一部分，与舞台上的其他元素共同构成一个完整的叙述。

（二）不同光位对服装表演造型效果的影响

在舞台艺术和服装表演中，灯光设计是不可或缺的元素，为整体效果注入魔力和活力。为了更精准地描述和标定灯光的方向和位置，行业内采用了一种称为"立体光位图"的表示方式。立体光位图是一个能够描述灯光从三维空间各个方向照射的图形工具。它的形成受到"钟面平面横坐标"与"钟面立面直坐标"两个核心坐标的支撑。这两个坐标的组合为灯光提供了一个全面而精确的描述，确保无论在任何复杂的舞台设计中，灯光均能准确地投射到预定的位置。

在服装表演灯光设计中，"钟面表示法"是一个常用的技巧，用于描述和定位水平面上的光线。这种表示法为设计师提供了一个直观的方法来判断和应用不同方向的光线，从而在实际的舞台上产生所需的效果。通过"钟面平面横坐标"，光线的方位得以清晰地呈现，为舞台艺术的光线设计提供了准确的导向。将人眼的视点设置在钟面的6点位置是这种表示法的关键。这样，设计师可以更直观地观察来自不同方向的光线，并据此制定相应的设计策略。例如，当光线从正面照射时，人们看到的是正面光。这种光线强调了物体的正面细节，为模特的脸部和服装正面提供了清晰的照明。而这种光线通常用于强调重点，为观众提供清晰的视角。如图5-7所示。

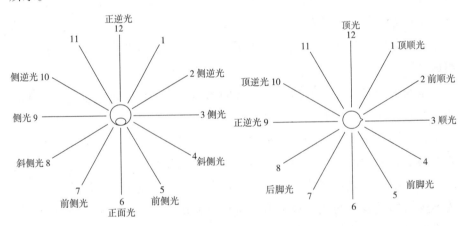

图5-7　钟面平面横坐标

"钟面表示法"在描述垂直面上的光线时，同样提供了一个清晰而直观的定位系统——"钟面立面直坐标"。这种坐标系统使设计师能够在垂直面上精确地定位光线，从而在实际的舞台上产生所需的效果。当把人眼的视点设置在钟面的3点位置时，垂直面上的光线分布变得非常明确。例如顺光，这种光线直接从模特的前方照射，产生的效果是均匀、平滑的照明，确保了模特的正面被清晰地展示，使观众可以清楚地看到服装的正面细节。如图5-8所示。

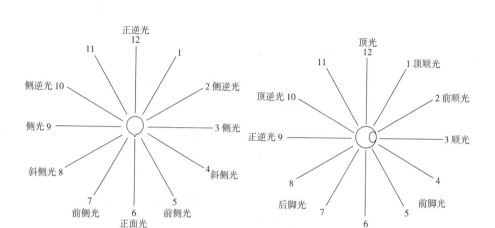

图 5-8　钟面立面直坐标

　　"立体光位图"融合了"钟面平面横坐标"与"钟面立面直坐标"，为灯光设计提供了一个全面且细致的视角。这一融合，不仅捕捉了水平面上的光线效果，也纳入了垂直面上的各种光影效果，形成了一个完整的三维空间，如图 5-9 所示。在具体组合时，人眼正对的水平钟面 6 点和垂直钟面 3 点的交叉点成为连接两个坐标系的关键。这种交叉，在 6 点直 3 点横的位置上，构建了一个真实的立体空间，使每一个具体的光位都得以明确地定位。这种立体的空间结构，为光的构造带来了无尽的可能性，允许设计师在任何方向上调整光线的角度和强度，以获得理想的效果。

　　在形象设计中，"立体光位图"占据着至关重要的地位。这是因为每一种光位都与某种特定的视觉效果相对应。正面光会平坦地照亮一个物体，而侧光则会为其增添阴影和深度。同样地，顶部的光线可以强调高度和立体感，而底部的光线则有助于强调地面和物体的基础。因此，借助"立体光位图"，设计师可以预测和控制服装、模特和整个舞台的外观。

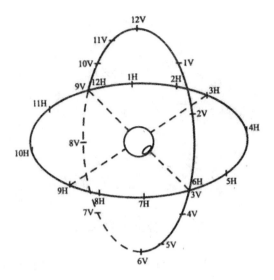

图 5-9 立体光位

1. 正面光

正面光，也可以称为顺光，作为服装表演中的一种光位，对于服装的展示效果和模特的形象都产生了独特的影响。

当光源直接位于主体对面，主体受到光线的照射，阴影被大大减少。这样的光线设计确保了服装的每一个细节、纹理和色彩都被充分展示。由于明暗的反差较小，整个场景显得和谐统一，呈现出一种饱和而均匀的效果。正面光对于色彩的呈现有着特殊的优势。它能够清晰地展现出服装的原始色彩，使色彩看起来鲜艳和生动。对于那些精致且色彩丰富的服装设计，如绣花、拼接或染色，正面光可以确保每一种颜色都能被观众清晰地看到，确保设计师的创意得到充分展示。

2. 斜光

斜光，常被用于凸显主体的明暗对比。当这种光线在主体的前侧方斜射下来，它所带来的影子和高光能够使物体更加立体、更具质感。尤其在服装表演中，斜光的应用可以为观众呈现出服装的细节和结构，使整体效果引人入胜。

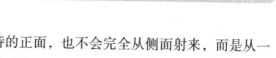

斜光既不会直接打在模特的正面，也不会完全从侧面射来，而是从一个介于这两者之间的角度斜射过来。这种特殊的角度为服装和模特提供了细腻的明暗转换，使服装的纹理、细节和材料在舞台上得到充分展现。

3. 侧面光

侧面光，作为一种特殊的光线布局，源自主体的横侧面。这种独特的光线布局能够为舞台上的表演带来与众不同的效果。

在服装表演中，侧面光的最大特点是能够形成明暗参半的效果。这种半阴半阳的光影对比为服装赋予了更多的质感和层次感。当光线从一侧斜射而来，会在另一侧留下柔和的阴影，从而强调衣物的纹理和立体形状。这种效果对于展示布料的质地、颜色渐变以及服装的裁剪特点尤为重要。

4. 逆光

逆光，或称背光，为灯光设计师提供了独特的表现手法。这种光线源自主体的背后，使得服装表演在暗色背景的衬托下，更为引人注目。逆光照射在模特的背后，形成的是那种梦幻般的轮廓，给予观众一种轻柔而迷离的感觉。这种轮廓明确、锐利，勾画出模特身材的线条和服装的外形，仿佛为其镶上了一层金边。但同时，由于是逆光，主体面部和服装的正面细节以及色彩大多被隐没，令其略显神秘。逆光在服装表演中的应用，有时会使舞台变得一片暗淡，仅有轮廓可辨。这在某些特定的舞台上、特定的服饰展示中，可以创造出引人入胜的效果。然而，这也意味着失去了呈现服装细节和颜色的机会。为了弥补这一不足，设计师会选择加入辅助光，通过增加明亮度，使主体在强烈的逆光下仍能维持一定的细节和色彩表现。当逆光与补光完美结合，不仅能凸显轮廓，还能呈现服装的质感和色彩，同时为整个舞台增添更多层次和深度，为观众创造出更为丰富的视觉体验。

另一种与逆光相似但有所不同的光位是半逆光。这种光位的特点是光源从主体后方的45度角射出。与逆光相比，半逆光提供的明亮部分较少，而阴暗部分较多。因此，当使用半逆光时，模特的正面大部分都被隐藏在阴影中，仅有局部的轮廓被照亮。这种光位非常适合勾画出模特身体和衣物的细微线条，强调其立体感和结构。

5.顶光

顶光，光线直接从主体上方投射而下。这种光线方向有其独特的魅力。在舞台上，顶光可以创造出戏剧性的效果，特别是当需要强调某一情感或氛围时。由于光线垂直投射，它会在物体上形成一种浓烈的阴影效果。这种浓烈的阴影可以为舞台带来一种神秘感或深度，给人一种距离感或隔离感。比如，当模特穿着黑色或深色的服装，顶光的效果可以为整体造型增添神秘和沉稳的气质。

6.脚光

脚光，作为一种独特的光位技术，在服装表演中的应用旨在创造强烈的视觉效果。这种光源从主体的下方投射，如同夜晚的街灯为路人投下奇特的影子，这样的布光方式通常会被视为非常不自然的。然而，正因为其与众不同，它经常被用来制造舞台上的戏剧效果。

（三）服装表演常用灯具的选配

在服装表演中，灯光设计与灯具的选配密切相关。灯具不仅决定了光的质量、强度和方向，还影响了舞台的整体氛围。

1.成像灯

一场专业的服装表演应该选用成像灯作为主要的照明设备，由于成像灯（图5-10）有很强的造型和聚光作用，可以有效地控制光斑的区域。[①]这类灯具的核心特性在于其能够产生清晰、锐利的光束，使得被照射的物体轮廓鲜明，细节突出，从而使观众能够清楚地看到模特身上的每一寸布料、每一个细微的装饰和设计。

在T台上，成像灯经常作为主光源使用。由于T台的长形设计和模特走秀的动态性，需要一种能够持续、稳定地照亮走道并与模特的移动速度和方向同步的灯具。此时，成像灯的特性完全满足这一需求。它为T台提供均匀、持续的亮度，确保每一位模特都能在其展示时刻得到足够的照明。

---

① 肖彬，张舰.服装表演概论[M].2版.北京：中国纺织出版社，2019：132.

图 5-10　成像灯

2. 聚光灯

聚光灯（图 5-11）具备能够产生集中、明亮的光束的特性，这种强烈而明确的光线为模特提供了出色的照明效果，确保了观众可以清晰地看到服装的每一个细节。

服装表演并不仅仅是模特走在 T 台上展示服装，它更是一场视觉盛宴，一个展示设计师创意和匠心的舞台。而聚光灯则扮演着引导观众视线、凸显重点的角色。当模特展示一件特别的服装或一个关键的设计元素时，聚光灯可以瞬间将这部分照亮，使其在整个舞台上独树一帜。

图 5-11　聚光灯

3. 筒灯

筒灯，又被称为 PAR 灯（Parabolic Aluminized Reflector，图 5-12），是服装表演中经常使用的一种灯具。筒灯内部的反射器设计为抛物线形状。这种特殊设计使得筒灯能够产生集中且具有指向性的光束。

筒灯在服装表演中的应用广泛，原因在于其多种功能和效果的灵活组合。与其他灯具相比，筒灯提供了明亮而集中的光束，特别适合突出展示服装的细节。例如，当模特展示一件精美的礼服或具有精细细节的配饰时，筒灯可以使观众更清晰地看到这些细节。筒灯的光束角度可以随时调整，从狭窄的光束到广泛的泛光，都能轻松实现。因此，不仅可以用作聚光，还可以为整个舞台提供均匀的照明。在服装表演中，当需要创造特定的氛围或背景效果时，这种灵活性尤为重要。

图 5-12　筒灯

4.电脑灯

与传统灯具相比，电脑灯（图 5-13）拥有更多先进的功能和更高的适应性。它整合了灯光、色彩、动态和图形等多重功能，为服装表演提供了丰富而生动的视觉体验。电脑灯的特点在于其可以远程控制，通过预设的程序来实现光线的变化、颜色的切换、动态的旋转等效果。这种即插即用、无须复杂布线的特性，大大简化了灯光师的操作过程，使得在短时间内能够实现复杂的灯光效果。

在服装表演中，电脑灯不仅可以照亮模特，还可以根据服装的风格、色彩和质地进行相应的调整，打造出与服装相匹配的氛围。例如，一款充满异域风情的服装需要电脑灯打造出梦幻、神秘的氛围，而简约风格的服装则需要清新、明亮的灯光。传统的灯具往往需要通过滤光片来改变色彩，而电脑灯则可以直接通过控制系统来实现色彩的无缝切换。这意味着，在同一场服装表演中，电脑灯可以为每一套服装提供专属的灯光色彩，使得服装的色彩和质感得到最真实的展现。

图 5-13　电脑灯

5.追光灯

与其他灯具相比，追光灯（图 5-14）的主要特色是动态跟踪，确保模特或特定场景始终处于光线中心。在高端的服装展示或时装秀中，追光灯是不可或缺的工具，它可以为观众提供一个清晰、鲜明的视角，使他们完全沉浸在模特展示的服装表演之中。

对于设计师和编导来说，追光灯的使用意味着可以精确地控制观众的视线。当模特身着精致的礼服或具有创新设计的服装走上舞台时，追光灯可以确保这些服装的每一个细节都能得到充分展现。无论是服装上精细的缝制技巧，还是华丽的饰品和配饰，都可以在追光灯的照耀下焕发出迷人的光芒。

图 5-14　追光灯

6.柔光灯

柔光灯（图 5-15），被广泛应用于服装表演中，为舞台带来柔和、均匀且温暖的光线。与尖锐、明亮的光源形成对比，柔光灯为观众和模特提供了舒适的视觉环境，使得服装的颜色和细节在柔和的照明下更为出众。

在服装表演中，服装的细节和质感至关重要。太过尖锐或强烈的光线可能会在服装上产生刺眼的反光或过于深的阴影，这对于服装的材质和色彩是不利的。柔光灯能够确保服装在光线下保持其真实的颜色，同时突出其质地和细节。这种光线有助于观众更好地欣赏和理解服装设计师的设计意图和创意。

图 5-15　柔光灯

（四）服装表演灯光的设计与应用

服装表演并不仅是展示服装，它还是一场视觉、听觉和情感的盛宴，灯光设计在其中起到重要的作用。

1. 光区

光区作为服装表演舞台中灯光投射的核心区域，直接影响着整体的表演效果。在不同的舞台设计、台型及演出氛围中，光区均有所变化，因而需要灵活调整以适应不同的舞台要求。根据服装表演舞台的特性和需求，光区的大小、形状和分布都会有所不同。一个广阔的舞台需要更广泛的光区覆盖，而一个小巧的舞台则只需要集中的、精细的光线布局。无论如何，确保光区的均匀和持续性都是灯光设计师在设计过程中要重点考虑的。光区不仅是一个物理空间，还是一个情感和艺术的空间。通过调整灯光的亮度和色彩，编导可以使舞台快速从一个情境转换为另一个情境，为观众提供了一种视觉和情感的连续体验。这也意味着，灯光不仅是舞台的装饰，还是传达情感和营造氛围的工具。淡蓝色的灯光会给人一种冷静、祥和的感觉，而鲜红色的灯光则会激发人们热情和紧张的情绪。

合理的光区设计确实为舞台提供了一个清晰的方向和调度依据，它如同一幅无形的地图，为舞台的每一部分注入了生命。在服装表演中，不同的光区有助于凸显出表演的重点和细节，为观众带来视觉的享受和情感的共鸣。T型舞台结构非常适合服装表演。其特点是分前、中、后三部分区域，这样的分区方式可以更好地配合模特的走位和服装的展示。例如，前区可以用于展示新系列的服装，中区为经典款式，而后区则是为了展示特色设计。通过这种方式，观众可以清晰地了解到不同款式的风格和特点，同时也便于他们对比和选择。而对于圆形舞台，它的特点在于无论从哪个角度观看，都可以看到模特的完整形象。这种舞台的光区划分通常是左、中、右。这样的分区方式意味着无论观众坐在哪里，他们都能得到近似的视觉体验。同时，这种舞台结构也为编导提供了更大的创作空间，使得模特的动作和服装的展示更为灵活和多变。服装的风格和设计意图是表演的核心，灯光设计师需要根据这些要素来进行灯光的设计。有时，打破常规的演出形式，如通过灯光的变化制造出流动感，会为表演带来新的视觉体验。当灯光与音乐完美结合时，模特的每一个动作都会显得更为自然和流畅，为观众带来一场视觉和听觉的盛宴。

2.光色

在舞台灯光的诸多元素中，光色无疑是最直接、最有感染力的。它具有无与伦比的力量，可以让服装动人，让布景栩栩如生，让整个舞台生动起来。服装表演中，服装自然是核心，它代表了设计师的创意、心血和情感。每一件作品都经过精心选择的颜色、材料和设计，以最完美的方式传达出设计师的意图。因此，当灯光与服装相结合，光线不能仅仅是为了达到某种视觉效果，而应该是为了增强、补充甚至突出服装的美感。

过去，灯光设计可能过于追求戏剧性，希望通过鲜艳、多变的光色为观众带来震撼感觉。但这种方法并不总是适用于服装表演。过于艳丽或夸张的光色可能会掩盖甚至扭曲服装的真实色彩，导致观众无法真正欣赏到设计师的设计效果。而促销类服装展示更是如此，其主要目的是让观众看到、感受到和理解服装的真实质地、颜色和设计意图。因此，灯光设计在这方面应该是辅助性的，而不是主导性的。例如，冷色的服装和冷色的灯光之间存在一种天然的和谐关系。同样，暖色的服装在暖色光线下更为醒目、生动。而在选择灯光时，应避免过多的颜色混合，以防止对服装原本的色彩造成过多的偏移或混淆。

3. 光强

光强，作为舞台表演中不可或缺的一个要素，它代表着光的强度与亮度。在人类眼睛中，对光的基本感知，也被称为光亮。这种基本感知在时装表演的舞台上扮演着至关重要的角色，它不仅是简单的光与影，还影响着观众的视觉感受，甚至情感反应。

对于观众来说，光强是一种视觉导向，它告诉观众哪里是重点，哪里是次要的。在时装表演中，模特的衣着、走位和表情都重要，而恰当的光强可以让这些元素更加突出，使模特在众多的元素中独树一帜。当模特走上 T 台，追光将其聚焦，观众的目光自然而然地被吸引过去，这是光强对于导向作用的最佳证明。光强的作用不仅是为模特照明，它还能够为整个舞台创造出独特的氛围。在前卫型的时装编排中，这一点尤为突出。光强的调节可以给人带来时空的转换感，从古代到未来，从白天到黑夜，所有的一切都可以通过光强来实现。例如，当模特展示的是一款具有未来感的服装时，强烈的光强可以营造出科技、未来的感觉，使观众仿佛置身于另一个时代。此外，光强还与舞台的其他元素相互作用，如背景、音乐和道具。一场成功的时装表演，往往是多种元素的完美融合。而光强无疑是其中的关键。它可以与背景交相辉映，与音乐共同创造出和谐的氛围，与道具产生不同的效果。

4. 局部与整体的灯光表现

服装表演如同所有艺术表演一样，对光影的掌握是至关重要的，它决定了观众对舞台上的服装和模特的感知和印象。局部与整体的灯光表现是对光影的掌控中不可或缺的部分，它不仅关乎视觉的感受，还涉及情感和氛围的传达。

局部照明是对舞台上某一区域或特定细节的重点照射。这可以是一个酷炫的鞋跟、一幅精美的刺绣，或是模特身上的某一部分。局部的灯光注重细节，使之在整个舞台上脱颖而出。这不仅能够引导观众的视线，还能够突出服装的特色和设计师的匠心独运。此外，局部灯光也能为表演添加情感和戏剧性。例如，当模特展示一个重要的设计元素时，局部光线可以为这一刹那增添神秘和重要感。而整体照明，则负责确保观众能够清晰地看到整个舞台，以及模特与服装的全貌。它为观众提供了一个完整的背景，使得舞台上的一切都在恰当的环境中展现出来。无论是模特的动作，还是服装的整体设计，整体照明能够确保观众不会错过舞台上的任何细节。整体光线为服装表演提供了基础，确保了视觉体验的完整性和连贯性。

局部与整体的灯光并不是孤立存在的，它们之间的关系是互补的。局部照明会强调某一特定部分，而整体照明则为这一部分提供了背景和上下文。正是这种关系，使得舞台既有焦点，又不失整体感。正如舞台表演需要对点与面、整体与局部的协调感进行精准控制，灯光设计也必须在局部与整体之间找到平衡。这需要设计师具备深厚的专业知识和敏锐的审美感觉。利用灯光照明面积的大小和数量，不仅可以使舞台呈现出写实或写意的风格，还能确保每一次的表演都有主有次、有重点且引人入胜。

5. 灯光表现形式的选择

服装作为一种艺术的体现，不仅仅是单纯的布料与款式的结合，更是设计师灵魂的投影。每一款服装都有其独特的风格和情感内涵，因此，如何利用灯光来为这些服装加持，成为每一场服装表演中至关重要的部分。

梦幻、前卫、古典、优雅、性感、运动等，这些只是服装展示风格的冰山一角。每一种风格都需要与之匹配的灯光来增强其特点，引导观众的情感投入。例如，前卫风格需要更为跳跃的灯光变换与鲜明的色彩，而优雅风格则需要更为柔和且流畅的灯光来展现其内在的韵律。服装的美感，在很大程度上是依赖于灯光来展现的。同一件服装在不同的灯光下会呈现出完全不同的效果。这也是为什么灯光设计师的工作如此重要。他们需要深入理解每一件服装的特点，然后用灯光去放大这些特点，为观众带来深刻的视觉体验。

吴海燕教授的《富春山居图》系列服装是一个绝佳的例子。这一系列的服装不仅仅是时尚与传统的结合，更是文化与创新的碰撞。用丝绸作为材质，并采用先进的印花技术，将传统的《富春山居图》呈现在服装上，这种设计理念是独一无二的。因此，为这种充满传统文化底蕴的服装设计灯光，就需要更为细致。如何将观众带入这一系列服装所要展现的那种古典与现代的融合中，成为灯光设计的关键。梦幻迷离的灯光正好能够为这一系列增色添彩，使得舞台仿佛变成了一个仙境，与《富春山居图》中的景色相得益彰。不过，灯光不仅仅是为了展现服装的美感，更是为了引导观众的情感。当观众看到舞台上的模特，他们首先看到的是由灯光打造出来的那种氛围，然后逐渐进入服装的细节中。这种由外及内的体验，使得服装表演更吸引人，也更有深度。

6.灯光的切换

灯光在舞台上不仅仅是照亮空间的媒介，更是表达情感、凸显主题的艺术工具。由光影、光色、光区和光比等要素构成，灯光的变幻为观众和模特提供了连续而富有情感的视觉体验。在服装表演中，这一特性更为重要。每一束光、每一种色彩，都与正在展示的服装、模特的动作和伴随的音乐息息相关。灯光的切换是服装表演中的核心环节，它直接影响到整个表演的氛围和效果。

（1）以模特的动作确定灯光变化契机。模特的每一个动作、每一个表情，都是灯光设计师和编导制定灯光策略时的参考依据。当模特转身、摆姿或走到T台的尽头时，灯光的切换可以为其动作增添戏剧性和视觉冲击感。比如，在模特转身展示服装背面的瞬间，后方的灯光可以加强，以强调服装的背部设计。这种切换方式不仅能够使服装得到全方位的展示，还能够使观众对模特的每一个动作都保持高度关注。

（2）以音乐确定灯光变化契机。音乐与灯光的结合，为服装表演增加了层次感和情感深度。音乐的旋律、节奏和情感都可以作为灯光切换的线索。例如，音乐的高潮部分常常与明亮、鲜艳的灯光相结合，而柔和、宁静的旋律则与温暖、柔和的灯光相匹配。这种同步性使得观众在视觉和听觉上都能够获得统一的艺术体验。

（3）以服装系列的更换确定灯光变化契机。在服装表演中，不同的服装系列常常代表了不同的设计理念、风格和情感。因此，每当新的服装系列亮相，灯光的切换应为之提供相应的背景和氛围。例如，在展示夏季清爽、自然的服装系列时，灯光可以是明亮、自然的；而在展示冬季华丽、高雅的服装系列时，灯光可以是柔和、神秘的。这种切换方式为每一系列服装提供了独特的舞台背景，使观众能够更好地理解和欣赏设计师的创意。

二、服装表演的音乐选择

（一）音乐与服装表演概述

1.音乐概述

音乐是一种能够引起愉悦情感、具有丰富表现力，并通过音调组合展现智慧的科学与艺术。音乐与人类的情感纽带密切。它作为一种表达、释放和寄托情感的艺术手段，直接或间接地模拟并升华了人类的各种情感体验。音与乐的结合与交融，在时间和空间中展现出疏密、高低、浓淡、强弱、明暗、起伏、刚柔、断连等各种复杂组合。这些组合的音乐语言与人的情感波动、生命律动相互呼应，为听众提供了一种深刻的情感共鸣。对于人的心理活动，音乐具有一种深入骨髓、难以言表的影响。

音乐的基本要素包括节奏、曲调（旋律）、和声、力度和音色等。每一种要素都在为音乐的完整性和丰富性作出贡献。然而，在服装表演中，节奏和曲调（旋律）的作用尤为重要。它们为表演提供了基调，为模特的步伐和展示提供了旋律背景，使得服装在走秀中更为生动、引人入胜。节奏为服装展示提供了动力，为模特的步态提供了韵律。它决定了表演的速度和节拍，是模特展示服装的核心。曲调或旋律则为服装展示提供了情感背景。它描述了一个故事，引导听众进入一个特定的情感世界，使观众能够与模特和服装产生情感共鸣。

2.音乐与服装表演的渊源

服装表演和音乐之间的紧密联系，可以追溯到传统戏剧表演的时代。戏剧作为一种古老的艺术形式，具有丰富的音乐元素。而随着时间的推移，这种音乐元素也自然地被引入服装表演。历史上，戏剧为服装表演提供了丰富的灵感和发展的土壤。在那个时代，音乐被视为戏剧的重要元素，与舞台上的角色、情节和背景无缝结合。

1908年，伦敦汉诺佛广场的"达夫·戈登"妇女商店为了吸引顾客，进行了一次创新的尝试，为观众呈现了一场精心策划的服装表演。这不仅仅是一场普通的展示，更是一场音乐与服装完美结合的盛宴。现场的观众被赋予一个特别的角色，他们手持节目单，能够清楚地知道每位模特的姓名以及将展示的服装特点。更为引人注目的是，这次展示中，模特是在乐队的伴奏下出场的，这在当时是前所未有的尝试。到了1914年，美国芝加哥也开始尝试这种全新的展示形式。在一场服装表演中，观众再次见到了乐队伴奏下的模特出场。这种创新的表演形式很快就受到了广大观众的喜爱，从而使得模特与音乐同步的表演方式逐渐成为主流。

3. 服装表演中的音乐

（1）现场演奏。音乐与服装，两者都是艺术的不同表现形式，但当它们结合时，相互映衬、相辅相成，使整体表演达到一个新的高度。从服装表演的早期阶段，现场演奏便已成为音乐表现方式的重要组成部分。管弦乐队以其恢弘、壮丽的音乐为早期的表演创造了浓厚的艺术氛围。随着时间的推移，其他形式的现场演奏，如流行乐、民间乐等也被引入服装表演。现场演奏为表演带来了无可替代的魅力。它为观众提供了一种真实、原始的体验。每一次的表演都是独特的，因为音乐家和模特的即兴互动使每场表演都具有其不可复制的特点。现代的服装表演已经进化到一个新的阶段，邀请知名的歌手、歌唱家、乐队进行现场演出已经成为一种常态。这些知名音乐人的现场演唱为服装展示带来了更多的观众，同时也为模特的走秀增添了更多的活力和情感。这种结合不仅仅是音乐与服装的结合，更是艺术与商业的完美融合，为观众带来了一次又一次震撼的感官体验。例如，"维多利亚的秘密"内衣秀，现场演奏已经成为"维多利亚的秘密"内衣秀的标志性元素。与其说这是一场纯粹的服装展示，不如说它更接近于一场综合艺术的盛宴。除2005年邀请罗格斯大学鼓乐队外，其余每场表演秀都是邀请了许多世界级的流行乐坛明星担任现场演出嘉宾。这不仅为观众带来了耳目一新的音乐体验，还增强了时尚与音乐的交融，使得每场表演都独具特色。

（2）预先录制与现场播放。在众多服装表演的背后，预先录制的音乐现场播放成为最为受欢迎的音乐传递方式。该方式的普及主要归因于其方便性与效率。通过充分利用现代技术，可以将各种来源的音乐重新进行剪辑、混音和编辑，以符合特定场合的需求。只要得到了音乐版权的授权，就可以对此类音乐进行自由的制作。其效果之强大，不仅在于节约了大量成本，还提供了随时随地播放的可能，确保了表演的音乐效果总是恰到好处。例如，乔治·阿玛尼（Giorgio Armani）2015米兰春夏女装秀，乔治·阿玛尼先生作为设计大师，他的创意源泉和灵感远不止于服装设计。此次发布主题被赋予了沙漠的魅力，涉及的颜色包括沙的白色、火山灰的粉灰色、岩石的灰褐色、梦幻的蓝色、神秘的黑色与云的白色。这些颜色所勾画出的自然界的画面，不仅仅是视觉的享受，更是对生命与自然的敬畏。为了确保音乐与服装风格的完美融合，音乐制作团队对7首曲目进行了编辑，力求将每一段音乐与每一个服装呈现的场景相匹配。这一系列音乐时长约15分钟，音乐风格既灵动又精练，节奏明快，仿佛天籁在耳畔绕梁。

（3）现场混音。现场混音是一个现场、即兴的音乐创作过程，通过专业的设备为观众提供混制的音乐体验。与预录音或事先设计的音轨不同，现场混音为表演带来即时、动态的音乐效果。现场DJ会在演出前搜集各种音乐元素和节奏。这些音乐元素可能包括各种曲风、音效和音乐片段，为混音提供丰富的素材。在演出现场，根据服装的风格和主题，DJ会加入或调整音乐的节奏、鼓点或重拍，使音乐与服装的展示相得益彰。尽管现场混音在20世纪90年代到21世纪初流行，但随着数字音乐编辑和播放技术的日益发展，这种音乐表现方式在现代服装表演中已逐渐被边缘化。现在的音乐选择和创作更多地依赖于事前的策划和编辑，为观众提供更加完美和连贯的音乐体验。

4. 服装表演中音乐的类型

（1）暖场音乐。暖场音乐作为服装表演前的背景音乐，在观众进场等待和整个表演的过渡阶段中发挥着至关重要的作用。这段时间可以视作表演的前奏，它有助于引导观众进入即将开始的服装表演的情境和氛围中。服装表演常常会在较大的场地中进行，这样的场地意味着观众需要花费一段时间才能全部入座。在等待中，空旷的场地很容易产生回响或嘈杂的人声，这是每个表演活动都希望避免的。因此，选择恰当的暖场音乐可以为场地增添一种独特的韵律，掩盖这些不必要的噪声，并且帮助观众放松和期待接下来的表演。

在音乐的选择上，没有固定的标准或模式，但最常见的音乐选择是轻音乐或抒情、节奏轻快的流行音乐。柔和的轻音乐的旋律往往充满优雅与宁静，为观众提供了平稳过渡的时间。轻音乐的细腻和淡雅，使得观众的心境得到平静，为接下来的表演做好心理准备。抒情且节奏轻快的流行音乐往往带有明快的节奏和让人愉悦的旋律，可以迅速点燃现场的气氛，使观众的心情得到振奋。特别是当服装表演要传递年轻、活力、时尚的主题时，这类音乐更能够激起观众的共鸣。

（2）演出音乐。在服装表演中，演出音乐并不仅仅是简单的背景填充。其存在，宛如无形的桥梁，将模特、服装与观众紧密连接。它既为整场演出提供了情感的线索，又为模特的步履带来节奏。在传统意义上，背景音乐经常被视为一个补充元素，用于增强某些视觉效果或情感张力。但在服装表演中的演出音乐，其作用远不止于此。这种音乐带有一种主动的介入性。它要求与整体的演出主题、风格以及模特的表现形式高度匹配，从而达到视听一体的完美融合。模特的每一个动作、每一个眼神都在与音乐进行无声的对话。一个恰到好处的转身，可能正是在某个音符的驱动下完成的。而音乐的节奏、曲调和配器等元素，也在不断地引导着模特，告诉其下一个动作应该如何展现，如何与音乐产生共鸣。

（3）谢幕音乐。谢幕音乐是在服装表演最后为观众展现的一段音乐，伴随着所有模特和设计师登场，展示整场表演的精彩片段，同时对观众表示深深的感谢。它是一段重要的音乐，承载着对这场表演的总结和回顾，是对前面所有音乐的呼应。

谢幕音乐的选择通常有两种趋势：一种是选择节奏感强烈、和声复杂的音乐。这种音乐具有强烈的冲击力和吸引力，可以将观众的情绪带到一个新的高度，使整场表演达到高潮。这种音乐通常带有浓烈的现代感，与服装表演的时尚氛围相得益彰。另一种方式则是选择内涵丰富、与表演主题遥相呼应的音乐。这种音乐深沉、内敛，但蕴含的情感十分丰富。它可以是一首古典的音乐，可以是一段具有民族色彩的旋律，也可以是一曲深情的歌声。这种音乐与服装表演的主题相互映衬，为观众提供了更深入的思考和体验。如同画龙点睛，让整场表演的主题得到完美的升华。无论选择哪种方式，关键是音乐要与服装表演的内容、风格和氛围相匹配。只有这样，谢幕音乐才能成为一把锁，锁住观众心中的美好回忆，使整场服装表演成为一个永恒的经典。

（4）秀后音乐。秀后音乐被世界各地的时尚圈称为"After Party"音乐。这类音乐不仅是服装秀落下帷幕后播放的旋律，还是为那些在时装秀结束后仍继续留在现场的活动伴奏。时装秀结束后，通常会有一系列的后续活动。模特可能在后台或现场与摄影师互动，留下一些精彩的瞬间。同时，设计师和媒体间的简短交流或深度访谈也在这个时间进行。而对于那些前来观看表演的宾客和观众，秀后的招待酒会是一个非常好的机会，让他们与设计师、模特和其他时尚从业者进行近距离接触，分享彼此的看法。正是由于这种独特的交流环境，选择合适的秀后音乐显得尤为重要。音乐要能够创造出轻松愉悦的氛围，让人们在交流中感到舒适。它应该有足够的韵律感，但又不至于太过喧器，影响人们的对话。同时，音乐的风格和旋律要能够与时装秀的整体风格相协调，使整个活动显得和谐统一。

暖场音乐作为服装表演开始前的音乐，为整个场景营造了一种期待和紧张的气氛。而秀后音乐则需要转变这种气氛，使其更加轻松和自然。尽管两者的作用有所不同，但都需要确保与整个服装表演的风格、氛围和主题保持一致。在选择秀后音乐时，应当考虑到其与暖场音乐的连贯性。音乐的过渡应当自然、流畅，不会让人感到突兀。同时，应当选择那些旋律优美、与服装主题相匹配，且能够为人们带来舒适感的音乐。毕竟，一场成功的服装表演不仅仅是表演本身，更在于那些看似细微但实则至关重要的细节。

（二）服装风格与演出音乐选取

音乐在服装表演中扮演着桥梁的角色，将观众引导进入设计师的创意世界。正如画作需要画框一样，服装需要音乐为其创造情境，让观众沉浸于设计师为其构想的背景之中。不同风格的服装往往需要与之匹配的音乐，以增强整体的观感。

1.民族风格服装服饰的表演音乐选取

民族风格服装服饰，作为一种独特的服装艺术形式，展现了传统与现代的完美结合。音乐作为服装表演的伴随，能够赋予服装以生命，强化观众对服装风格的感知。因此，为民族风格服装选择合适的音乐，不仅要强调民族文化的内涵，还要与现代审美相结合，以打造出一场完美的视听盛宴。

选择与民族风格服装相匹配的世界音乐和新世纪音乐是一个明智的选择。世界音乐带有浓厚的民族色彩，强调音乐的地域性和文化背景。而新世纪音乐则融合了传统和现代元素，营造出大自然的气氛或宇宙的感觉，为民族风格服装提供了广阔的音乐背景。恩雅（Enya）、雅尼（Yanni）、喜多郎（Kitaro）、久石让（Joe Hisaishi）等国际知名乐手的作品，具有强烈的音乐感染力，其音乐中所蕴含的民族元素与新世纪音乐的和谐结合，为民族风格服装提供了极佳的音乐选择。同样，华人地区的音乐人如林海、李志辉等，他们的作品也体现了新世纪音乐的特点，强调音乐与自然的和谐统一，为民族风格服装增添了更多的情感深度。在新世纪音乐的众多种类中，部落音乐与民族混合音乐的出现，进一步丰富了音乐的选择范围。部落音乐将高科技与民间音乐相结合，强调音乐的原始与现代感，能够为民族风格服装提供独特的音乐背景。而民族混合音乐则将世界音乐与新世纪音乐相结合，为民族风格服装提供了更多元的音乐选择。

2.休闲风格服装服饰的表演音乐选取

休闲风格服装服饰，代表着现代都市人追求的舒适与自在，反映了人们对快节奏生活的调节和对自然的向往。这种服装风格可以概括为贴近自然的田园风格和应对都市生活的都市风格两大类。

田园风格如同一首优美的田园诗，召唤人们回归自然，让人们感受到乡村的宁静与和谐。其灵感多源自乡村，表现出自然、自由自在的生活方式。在这样的服装展示中，音乐的选择应当充分体现出与自然和谐共生的状态。音乐中可以融入轻柔的风声、鸟鸣、溪流声，让观众仿佛置身于一个远离喧嚣的宁静田野。与田园风格相对的都市风格则更加注重实用性与舒适性。都市风格服装的设计思路主要源于人们对城市快节奏生活的适应与调节。款式的多样性和丰富的色彩都能够反映出都市生活的多元化。为此，伴随这种服装风格的音乐往往更为时尚、节奏明快。电子音乐或轻音乐的运用，可以将现代都市的脉搏和节奏完美地展现出来，而音乐中的各种城市声效，为都市风格的服装增添了浓厚的生活氛围。

不论是田园风格还是都市风格，休闲服装都希望传达一种舒适、自然、随性的生活态度。因此，音乐的选择必须与这一核心理念相匹配，确保音乐能够为服装展示提供有力的情感支撑，将设计师的创意和品牌的形象完美传达给观众。音乐情绪的明快，节奏的中速和快速，都是为了强调休闲风格服装的随性和自在。而无论是自然的风声鸟鸣，还是都市的车流人声，音乐中的声效都起到了营造氛围、强化主题的作用。

3. 职业风格服装服饰的表演音乐选取

职业风格设计，是现代服装设计中的一枝独秀，存在于"大服装体系"中，却又独树一帜。它从众多的服装设计中独立出来，构成了一个专门针对职业需求的子体系。其明显特征、独特的设计规律，以及与其他服装类别有所区别的价值取向和理论研究都让它脱颖而出。

与休闲的日常时装和特定场合的普通成衣相比，职业装的特点在于其对特定场合的高适应性。它旨在呈现一种端庄、干练且整洁的效果，使穿着者在职场上更为出色。简洁的款式、流畅的线条都使职业装显得干练而有条不紊。对于职业风格的服装表演，音乐的选择尤为关键。职业风格的服装要求音乐与其特性高度匹配。为了与职业装的简洁、干练特点相呼应，强烈的节奏感成为选择音乐时的首要标准。而电子音乐（Electronic Music）在这方面表现得尤为出色。它的特点是既现代又有力，以器乐为主导，没有过多的歌词干扰，使得观众可以更专注于服装本身。

4. 礼服风格服装服饰的表演音乐选取

礼服作为一种正式场合的选择，无疑是展现个体尊重与礼仪的外在标志。它所散发的优雅、庄重与大气，需要与相应的音乐进行完美匹配，从而达到将视觉和听觉两种感受完美结合的目的。

礼服风格服装服饰表演音乐的选择涉及的范围相当广泛。古典音乐以其流淌的旋律和历久弥新的魅力，经常被选为这类服装的表演背景音乐。

例如，某些来自莫扎特或贝多芬的交响乐章，可以为礼服风格的展示营造既庄重又大气的氛围。轻音乐与新世纪音乐，由于其旋律清新并带有现代感，也常被选用。这些音乐往往能为礼服注入一种现代气息，使得传统与现代之间形成有趣的碰撞。而电子音乐的运用，则是为了追求一种前卫、现代化的效果。尤其在一些创新的礼服设计展示中，电子音乐为服装注入了一种未来感，使整个展示显得更为时尚与潮流。歌剧中的咏叹调的选择，常用于那些需要展示历史与文化深沉背景的礼服展示。歌剧中的音乐往往带有浓厚的情感色彩，可以为礼服的展示增加历史的厚重感。在音乐的选择上，不仅要考虑旋律，还要考虑其所带来的情感反应。礼服作为正式场合的服饰，其背后往往带有庄重和正式的情感色彩，音乐的情感通常应为柔美、庄重、大气、婉转或舒缓。在节奏上，中速节奏适合大多数礼服展示，它既不会过于急促，也不会过于拖沓，而对于婚纱这种特殊的礼服，则更倾向于选择慢节奏的音乐，从而将婚纱所蕴含的纯洁与神圣完美地表现出来。

5.运动风格及泳装服装服饰表演音乐的选取

运动风格的服装通常代表了活力和自由。这种服装风格能够表现出轻盈、动感和随意的特性。针织类织物的应用使得这类服装既舒适又具有延展性，颜色的明快和活跃又使得它充满了青春活力。因此，应该选择与之相应的动感十足、节奏感强烈、情绪欢快的音乐。电子音乐、器乐和声乐都可以胜任这一角色。尤其是那些有强烈鼓点、快节奏的作品，它们能够使观众的情绪得到提升，感受到所展示服装的动感和魅力。

而对于泳装表演，其音乐选择则需要更加细致和具有针对性。泳装款式的设计是为了凸显身材和肤质，因此其表演的音乐需要能够衬托出这种展示的特点。泳装表演音乐的选取要与模特展示泳装时的动态、姿势和情绪相匹配。拉丁音乐便是一种非常适合的选择。这种音乐风格独特，融合了多种文化因素，其节奏感强烈、旋律优美、动感十足的特点与泳装的展示完美匹配。尤其是拉丁音乐中充满活力的舞曲风格，能够与泳装展示的"跳跃感"相得益彰。此外，为了能够更加增强氛围感，还可以在音乐中加入一些与海滩相关的音效，如海风、海浪等，这样不仅可以使观众更加沉浸在表演中，还能更好地展现泳装的特点和魅力。

（三）音乐与模特表演

1.音乐节奏与模特表演

节奏如同音乐的脉搏，为音乐注入活力与情感。模特们依靠这一脉搏，调整自身的步伐和动作，使得展现出来的服饰与音乐相得益彰。快节奏的音乐如同风中的飘带，带领模特展现出轻盈、俏皮或活跃的一面，而慢节奏的音乐则如同缓缓流淌的溪流，帮助模特展现服饰的庄重、优雅或深沉。同样，不同的音乐节奏也意味着不同的舞台氛围。一场服装表演的成功不仅仅在于服饰的美丽，更在于模特如何将服饰与音乐结合，通过节奏的引导，为观众带来视觉与听觉的双重享受。

（1）快速节奏处理。快速节奏音乐为服装表演注入了独特的活力和张力，但它同样带来了一系列的挑战。特别是对于模特而言，跟上音乐的快节奏鼓点可能会出现一些不可预知的困难。具体表现在，当音乐节奏加快，模特可能会难以掌握恰当的步伐和动作与其同步，这时的一个明显标志是肩部的过度晃动。这种晃动往往源于模特试图跟上音乐的速度，但身体未能完全适应，从而导致上半身的不稳定。对于女性模特而言，挑战似乎更加复杂。除了需要与音乐保持同步外，高跟鞋为她们的步伐带来了额外的限制。加之女性模特的转胯动作相对复杂，导致与快节奏音乐的同步更加困难。在这种情况下，女性模特可能会出现膝盖弯曲和臀部下坐的不良姿态，这些都是在试图跟上音乐节奏时产生的自我身体调整。

那么，如何应对这些挑战并能够确保模特与快节奏音乐的完美同步呢？日常训练中，模特可以着重加强穿着高跟鞋后的站姿训练，确保身体的稳定性。同时，增强下肢的力量训练，可以帮助模特更好地掌控自己的步伐，防止因为音乐节奏太快而出现不良姿态。但在实际的服装表演中，如果模特确实感到难以跟上音乐的节奏，一种实用的方法是"三拍走两步"。这种方法可以帮助模特在不损失稳定性的前提下，与音乐保持较好的同步。

（2）中速节奏处理。中速节奏音乐常被视为那种介于缓慢与快速之间的节奏，为模特提供了一个中等的步伐和速度。然而，对于模特来说，处理这种节奏需要经过特定的训练才能具备这种技能。

模特与音乐的互动是服装表演的核心之一。当音乐的节奏为中速时，它要求模特维持一个稳定且不过于迅速或缓慢的步伐。但这种节奏容易导致模特的步伐显得随意或松散，仿佛是在街头漫无目的地行走。针对这一问题，需要对模特的训练方法进行适当的调整。女性模特在中速节奏下常常会显得缺乏力度，为此，她们需要进行特定的踮脚台步训练。这种训练的目的是加强前脚掌的力量，使模特在走台时能够更稳定地前脚掌着地，避免步态显得漫不经心。光脚进行的踮脚台步训练有助于模特感知和加强脚部的力量，从而在表演时可以更好地掌控自己的节奏。相对地，男性模特则需关注加大后脚掌着地的力度。这样可以确保他们在中速节奏的音乐下，步伐既不显得过于沉重，也不显得轻浮。通过特定的训练，男性模特可以更好地适应中速节奏，确保步态既稳定又具有力量感。

（3）慢速节奏处理。慢速节奏音乐给人一种平缓、沉稳的感觉，它在服装表演中常常用于展现服装的细节和氛围。但与之相伴的是对模特表演技巧的挑战。对于女性模特而言，身体的摇晃问题成为一大考验，导致她们在台上表现得不够稳定。而男性模特面临的是怠惰、无精打采的状态，导致整场表演缺乏活力和魅力。女性模特在应对这一问题时，采用了一种分步法。通过将台步动作细分为三个部分：大腿带动小腿、转胯和脚掌前伸，这样，她们不仅能够更为精确地完成每一个动作，还能确保动作间的流畅连贯。这样的方法有助于增强女性模特的稳定性，使得在慢速节奏的音乐下，她们仍能展现出平稳、自信的步态。而男性模特在应对慢速节奏音乐时，则选择了增加步幅的方法。这样的做法能够为男性模特带来更多的移动空间，从而提高表演的活力。此外，延长后脚掌着地至前脚掌着地的时间也是他们的常用方法，这样可以使得步伐看起来更为稳重和沉稳。

音乐节奏与模特的步态、动作密切相关。它们之间的配合，可以为观众带来更为完美的视觉体验。在慢速节奏音乐下，模特需要对自己的动作有更为严格的要求，确保每一个步伐、每一个转身都能与音乐完美融合。同时，通过采用上述方法，无论是女性模特还是男性模特，都能够更好地适应慢速节奏音乐的要求，使得整场表演更为出色。

（4）无节奏处理。当面对无节奏纯旋律的音乐或节拍不一致的无序音乐，模特表演的难度相对提高。这种类型的音乐容易造成模特的步伐不稳定，或者与音乐背景不同步。但这并不意味着模特应完全依赖音乐的节奏。

心中有节奏是每一位模特都必须坚持的原则。即使是在无明确节奏的音乐中，模特也应该维持稳定的步伐。通过训练和经验积累，模特可以在心中为自己设定一个固定的节奏，确保走台步伐既稳定又具有美感。不随音乐时快时慢，而是坚守中快节奏或其他指定节奏，可以确保模特表演的专业性和观众的观赏体验。编导和设计师在选择无节奏或节拍不致的音乐时，必须进行前期的沟通和排练。为模特提供明确的指导和建议，如何在这种特殊的音乐背景下走台，使得整体表演更加协调和流畅。此外，模特也可以在排练中多次尝试和调整，找到最适合自己的步伐和节奏。

（5）不同节奏变化或男女同台。变化的音乐节奏为模特提供了更多的表现空间。每种节奏都有其独特的氛围，可以与特定的服装风格相匹配，从而引导模特如何走台，如何展示服装的特色。例如，快节奏的音乐与活泼、年轻和现代的服装风格相匹配，而慢节奏的音乐更适合优雅、经典和高端的设计。模特需要对音乐有深入的理解，把握每一个音符，每一个节拍，确保自己的走台节奏与之相符。而当男女模特同台时，音乐选择的重要性就更为凸显。男女模特有着不同的身体结构和台风，对于同一首音乐，他们可能会有不同的解读和表现方式。此时，音乐将他们的表现整合在一起，形成和谐统一的画面。

无论音乐的节奏如何变化，或是男女模特如何同台，模特都不应过分依赖音乐。他们需要牢记，音乐是辅助工具，而不是决定性因素。最关键的是模特自己的专业性、台步技巧的娴熟转换以及与其他模特之间的合作。一个好的模特不仅能够敏锐地感受到音乐的每一个变化，还能够与其他模特建立起良好的联系，确保整场表演的流畅与和谐。如果在一场时装表演中存在不同音乐节奏变化，或者邀请男女模特同台表演，那么模特只需把音乐当作纯粹的背景来处理，按照服装风格把握走台节奏，同时学会台步技巧的娴熟转换，并加强模特之间的联系，学会相互照顾与配合，不能我行我素，牢记"是模特适应音乐，不是音乐配合模特"。

2.音乐旋律与模特表演

音乐旋律作为音乐的灵魂，掌握了感情的引导权，控制着情绪的起伏。其影响深远，如同一根隐形的魔法棒，将观众带入设计师所创造的梦幻世界。在服装表演过程中，它的作用不容忽视。一首恰当的音乐能与演出主题相辅相成，使模特的展示更具感染力。

海德·艾克曼（Haider Ackermann）2011秋冬女装发布会便是音乐与模特表演完美结合的佳例。在这次表演中，服装展示出一种高大、端庄、冷峻、神秘的特点。从松石绿到夜空蓝，再到深酒红，每一种浓醇的宝石色都与冷峻沉稳的黑暗色调形成对比，高耸的尖塔式盘发如同星空之下的灯塔，为观众指明方向，引领他们进入一个幻想的世界。而音乐选择则是这场梦的引导者。从无声到钢琴曲的慢慢过渡，再到男声弥撒的深沉，最后又回到钢琴曲，这样的过渡不仅增强了舞台上的氛围，还凸显了模特的表演魅力。模特在音乐的引导下，以中慢速度行走，每一个步伐都如同在讲述一个故事，一个关于中世纪哥特式建筑与宗教的故事。音乐旋律与模特的步伐、服装的设计以及场景的布置相得益彰。在这种环境下，观众仿佛被带入了一个不同的时空，经历了一次短暂的时光旅行。这正是音乐旋律在服装表演中的力量：它能将不同的元素完美结合。从这一案例中也可看出，选择合适的音乐对于服装表演来说是至关重要的。音乐不仅是背景，也是与表演、与服装、与整体的氛围紧密相连的元素。在音乐的引导下，模特的表演更加生动，服装的设计也更容易被观众所接受。

第三节　后台的设计与维护

服装表演的后台常被视为整个表演的"心脏"。尽管观众看不到，但它的功能性和效率直接影响到整场表演的流畅性和整体效果。后台的设计与维护必须经过周密计划，以确保表演从头到尾无缝衔接。

一、后台的布局

后台布局是整个服装表演流程中的心脏部分，它承载着表演前所有的准备工作。合理的后台布局确保了模特、化妆师、发型师和其他所有工作人员在有限的空间内高效、流畅地工作。每一个区域都必须经过精心设计，以满足不同功能的需求。图5-16为后台布局示意图。

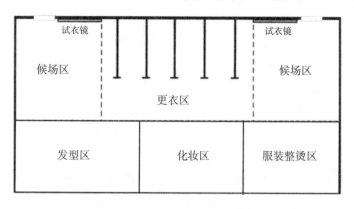

图5-16　后台的布局

更衣区作为后台的核心部分，它为模特提供了一个专用的更衣空间。该区域需要充足的储物柜和衣物架来保持服装的整齐，并确保模特可以迅速地更换服装。为了保证模特的隐私，更衣区还应该配备隔断或屏风。确保该区域的空气流通也是至关重要的，以避免因汗湿的衣物产生的不良气味。化妆区与发型区为模特提供了美化的场所。这里设置化妆桌、镜子和专业照明设备，确保化妆师和发型师可以在最佳的光线下工作。另外，为了保证工具和化妆品的卫生和安全，应设有专门的储物柜和工具架。服装熨烫整理区则确保每一件衣物都呈现出最佳的状态。这里配备了熨斗、熨烫板和蒸汽机，可以快速去除衣物上的褶皱。工作台和储物柜使整理工作变得有序，且提供了足够的空间来放置待整理的服装。候场区为模特提供了放松和等待的场所。这里应该有舒适的休息椅和饮料供应，以确保模特在表演前后都能得到充分的休息。为了防止模特错过上场的时间，该区域还应配备时钟和表演流程提示。

维护后台的秩序与整洁同样至关重要。定期清洁每个区域，确保工具和设备的正常运作，并提供必要的维修服务，都是保证后台运作流畅的关键。

二、后台的位置

后台的位置在整体舞台设计中占据了至关重要的地位，关系到整场服装表演的流畅性和模特的表现。在选择合适的后台位置时，考虑其与前台的相对位置显得尤为关键。理想的后台设计是位于背景板的后面，从而确保与前台的紧密联系，同时为模特和工作人员提供便利的活动空间。

为什么后台的位置这么重要呢？这是因为模特的表现不仅仅是在台前，更多的时候是在后台的准备和更衣。模特的更衣时间通常非常有限，每一秒都尤为宝贵。而背景板后面的后台设计正好可以节省这些宝贵的时间，因为模特不必在两个地方之间奔波，这样也大大降低了出现紧急情况的风险。有些戏院或演出场所的后台设计并不理想，例如，更衣室位于表演台的楼上或楼下。这种设计很容易导致许多不必要的麻烦。更衣室与表演台之间的距离若过长，就会影响模特与后台团队的沟通效率。紧急情况下，这种设计使得应急措施难以及时执行，可能会导致整场表演出现中断或其他不可预测的问题出现。同时，更衣室和表演台之间的通道应始终保持畅通。

三、后台的空间

后台的空间不仅仅是模特更衣和休息的场所，更是保证演出成功的重要环节。只有合理、人性化的后台空间设计，才能保证模特在演出时能够轻松、迅速地完成更衣、化妆和调整造型，确保舞台上的表演流畅、专业。

更衣区的宽敞性至关重要。模特在更衣时需要足够的空间来移动，以确保在短时间内迅速完成更衣。此外，为了防止服装出现褶皱，必须有足够的空间来摆放衣架、梳妆台和椅子。大镜子的存在则是为了确保模特能够从头到脚检查自己的造型，确保每一个细节都完美无瑕。每位模特都应该有自己的独立更衣空间。这不仅可以保护模特的隐私，还可以为其提供一个个人的空间让其放松、调整心态。化妆品和随身用品的摆放也是一个细节，它们应该被放在一个易于取用的地方。关于服装的存放，选择由长杆和轮子组成的龙门架是明智的，也是至关重要的。因为它们不仅可以避免服装出现褶皱，还可以确保模特能够轻松地拿到自己的服装。而门口放置的镜子则是为了让模特在进入舞台前最后检查自己的造型，确保自己的形象完美无瑕。

统一的发型与化妆也是许多演出的一部分，这需要一个专门的空间供化妆师和发型师工作。这个空间应该配备所有化妆和做发型所需要的工具和设备，以确保模特的造型能够迅速、高效地完成。除此之外，不可忽视的是供熨烫和修补服装的空间。任何小的损坏或褶皱都会影响模特在舞台上的形象，这个空间的存在是确保每一套服装在进入舞台前都能达到最佳状态。最后，模特在更衣后需要一个可以等待的空间。这个空间应该安静、宽敞，使其能够在进入舞台前调整心态，展现出最佳的状态。

第六章　服装表演中的表演编排设计

第一节　表演编排设计概述与方法

一、表演编排设计概述

（一）表演编排设计的概念及作用

1.表演编排设计的概念

服装表演，一个集视觉、听觉与艺术于一身的展示活动，其成功在很大程度上依赖于精心的编排设计。服装表演的编排设计是指结合服装设计的理念与风格，通过模特的行进线路、定点造型，以及舞台布局，来展现服装、表演的舞台形式、表演主题与风格的综合艺术。

与服装表演设计相比，表演编排设计有其独特性。服装表演设计包含的内容更为丰富，它涉及整体的舞台设计、音乐选择、灯光效果等诸多方面。而表演编排设计则更为具体，聚焦于与模特直接相关的部分，如其在舞台上的走动、定位和展示方式等。而表演编排设计的核心，就是为了确保观众能够从舞台上捕捉到每一个细节，每一次模特的转身、每一个动作，甚至每一次目光的交汇，都能够为服装增添独特的魅力。这要求设计师不仅要对服装有深入的理解，还要对舞台、音乐、灯光等各个元素有所了解，才能确保整体效果的协调与和谐。此外，与传统的表演不同，服装表演的目的在于展示服装，表演编排设计也需要考虑如何最大限度地展示服装的特点，如何通过模特的动作、走位及灯光、音乐等因素，来增强服装的视觉效果。

2.表演编排设计的作用

表演编排设计是服装表演中的核心环节，起着至关重要的作用。一个具备水准的编排设计，宛如舞台上的指挥家，巧妙地控制着舞台上的每一个动作、每一束光线和每一段音乐，让整场表演都成为一件完美的艺术品。

服装表演的焦点是服装和流行趋势。合理的表演编排设计能够巧妙地引导观众的目光，使他们的注意力集中在服装的细节、颜色、款式和风格上。这样，即便是在短暂的瞬间，也能让观众捕捉到服装的魅力和设计师想要传达的流行信息。此外，表演编排设计还能体现不同的意境。每一场表演都有其背后的故事和情境，通过编排设计，可以将这些情境完美地呈现出来，为观众带来视觉与情感上的双重享受。不同的背景音乐、灯光效果和模特的走秀动作都是为了更好地呈现服装，使其与舞台背景、音乐和灯光融为一体，达到和谐的效果。而设计师的创作理念是服装表演的灵魂。通过表演编排设计，可以更好地展示设计师的设计思想，使观众能够理解和感受到设计师的灵感来源、设计风格和追求的时尚理念。这不仅是对设计师的一种尊重，也是对观众的一种尊重，让他们能够更加深入地了解每一件服装背后的故事。

同时，良好的表演编排设计还可以增加舞台的视觉效果。通过充分利用舞台的空间、灯光、音效等元素，可以创造出丰富的层次感和深度感，使整场表演更具吸引力和感染力。这样，不仅能够增强观众对服装的记忆，还能让他们沉浸在表演的艺术氛围中，从而更加欣赏和珍视每一次的服装表演。

（二）表演编排设计的视觉要素

服装表演编排设计所呈现的不仅是服装，还包括一个复杂的、全面的视觉传达体验。这种体验是利用"看"的形式进行，为观众带来了一种直观的感受和深入的认识。正如视觉传达语言的目标是在无声之间传递信息，表演编排设计也努力在无言之中为观众提供丰富的信息和感知。表演编排设计被视为一种特殊的视觉传达语言，与传统的平面设计有所不同，但仍然保持其核心的传达目标。其独特性在于,它不再局限于静态的平面,而是将设计的概念扩展到动态的、立体的空间中。这种动态和立体性为设计师提供了一个全新的、更加生动的表现平台。

1.服装

在编排设计中,服装是核心的视觉要素。每一件服装都蕴含了设计师的心血与创意,每一种款式、颜色和材料都有其独特的故事和情感。因此,编排设计必须紧密围绕服装进行,确保每一次演出都能完美地展现服装的魅力和特点。

服装的系列划分是一个重要的环节,它决定了整场演出的节奏和氛围。不同的系列往往有着不同的风格和特点,例如,经典、复古、前卫或民族风格等。这些系列的存在,为编排设计提供了丰富的素材,同时也为模特表演提供了更多的挑战和机会。服装的风格特点则决定了整场表演的基调。柔和、浪漫的风格需要轻盈、飘逸的表演方式,而简约、现代的风格则更适合干练、利落的表演技巧。编排设计者需要深入理解每一套服装的风格特点,确保模特的表演方式与之相得益彰。而服装的色彩构成则为编排设计提供了丰富的视觉体验。色彩不仅能够影响观众的情感,还能够强调服装的设计亮点。暖色调可以带来温暖、舒适的感觉,而冷色调则可以给人一种清新、宁静的体验。编排设计中,如何利用色彩的魅力,如何搭配各种色彩,都是值得深入探讨的话题。服装的款式类型则关系到模特的走秀技巧。长裙、短裙、宽松或贴身,每一种款式都有其独特的展示方式。模特需要根据款式的特点,选择合适的走秀技巧。

2.舞台

舞台作为服装表演的核心载体,承载了整个演出的精华,同时也决定了演出的观感效果。舞台的设计和形式不仅影响观众对模特和服装的视觉体验,更在某种程度上影响模特的表现和服装的展示效果。因此,在进行表演编排设计时,对舞台的考虑不可以被忽视。

不同的服装表演舞台,如T型舞台及其变形、异形台和镜框式舞台等,均具有独特的特点和功能。例如,T型舞台因其形状像字母"T",常被用于时装秀等大型服装表演,能够确保观众从不同角度欣赏到模特和服装的全貌。而异形台则因其不规则的形状，能够给予编导更多的创意空间，实现不同的表演形式和效果。而镜框式舞台，更像是一个"窗口"，通过这个"窗口"，观众可以近距离地观赏模特和服装的细节。舞台的台口设计和走道设计也与舞台形式紧密相关。台口是舞台与观众的界面，决定了观众的视角和观感。不同的台口设计能够创造出不同的观感效果，如宽阔的台口能够给予观众开阔的视野，而狭长的台口则能够增加观众的期待感。而舞台的走道设计，更是关系到模特的行进线路、定点造型以及模特在舞台上的造型及布局。

在进行表演编排设计时，编导需要根据舞台的形式来设定模特的表演行进线路。例如，在 T 型舞台上，模特常常从舞台一端走到另一端，然后返回，形成一个"T"字形的行进路线。而在异形台上，模特的行进线路则需要根据舞台的形状来调整，确保观众能够从不同的角度看到模特和服装。除了行进线路，舞台形式还影响模特的定点造型以及模特在舞台上的造型及布局。在进行表演编排设计时，编导需要考虑如何让模特在舞台上的每一个位置都能够得到最佳的展示效果，确保每一位观众都能够欣赏到模特和服装的魅力。

3. 灯光

灯光作为服装表演开场、结束和篇章分段的标识符，它起到了串联整个演出的功能，为观众提供了一个清晰的表演结构感知。而且，灯光的微妙变化和设计可以有效地暗示服装系列的转换，使得观众不至于在服装的流转中迷失方向。此外，灯光同样是一个出色的视觉引导。适时的效果灯光变化能迅速吸引观众的注意力，将他们的焦点转移到演出的亮点上，无论是服装的整体造型，还是那些精致的设计细节。这样的设计旨在确保观众不会错过任何一个精彩瞬间。不止于此，灯光的变化能激发观众的欣赏兴趣。当一个富有创意和寓意的灯光设计出现在舞台上，它可以为服装表演注入更多的艺术气息，使其引人入胜。而这样的设计也有助于减轻观众的视觉疲劳，使他们在观看演出过程中始终保持高度的兴趣。考虑到灯光的这些功能和效果，设计表演编排时就需要对现场的灯光进行精细的规划。这包括：对灯光类型的选择，确保其与演出内容相匹配；对灯光位置的布置，确保能够最大化地凸显服装的特点；对明暗和效果变化的设计，确保能够为演出增添更多的艺术效果。

4.音乐

作为表演的灵魂，音乐与服装风格、模特技巧及整体编排融为一体，共同塑造出完美的演出效果。每一个音符、每一个节奏都与模特的步伐、动作、情绪息息相关，形成了一场充满魅力的视听盛宴。

与服装风格相匹配的音乐可以赋予模特更加鲜明的情感表达。悠扬的旋律与古典风格的服装完美融合，带给观众一种时光流转、历史回溯的感觉；而跳跃的节奏与现代、前卫的服装搭配，仿佛将观众带入了一个充满活力的未来世界。音乐的节奏快慢不仅影响模特在舞台上的步伐，还直接决定了对整场演出的时间控制。适中的节奏能确保每一套服装都能得到足够的展示时间，而不显得仓促或拖沓。此外，模特间的距离也与音乐的节奏有着密切的关系。短暂的静默或音乐的过渡段，都可以为模特提供适当的时间和空间进行互动或更衣，使整场演出更具连贯性。而音乐的风格选择则是为了与服装风格形成和谐的统一，为模特在舞台上的表现提供情绪背景。动感十足的摇滚音乐可以适合展示青春洋溢的街头风格；深情的弦乐则与高级定制的礼服更加相配，展现出一种华丽而又庄重的质感。不过，在选择音乐时，不仅要考虑风格与节奏，还要确保音乐与服装、模特表演技巧以及整个演出编排能够相互呼应，达到一个和谐统一的效果。因此，音乐成为表演编排设计中不可或缺的一部分，需要深思熟虑，确保其与其他视觉要素完美融合，为观众带来一次难忘的观赏体验。

5.模特

服装表演中，模特作为核心的表演载体，其重要性无须过多强调。模特不仅仅为观众展示服装的风采，更通过自身的气质、风格与技巧，赋予服装生命和故事。每一位模特都是服装的生动注解和完美诠释。

模特并不是孤立展示的"个体"，而是一个统一而有韵律的集体。这要求在进行服装表演编排设计时，充分了解和掌握参演模特的各种特点。了解模特的身高、体型、肤色、外貌形象，以及模特在台上的表现技巧和应变能力，都是编排设计中的关键环节。具体到编排设计，强调的是如何最大化地发挥每个模特的优势，同时使整场表演达到和谐统一。每个模特都有自己的独特之处，但如何扬长避短，将每个人的特色融入整体表演中，是设计的艺术所在。例如，选择模特出场的顺序、位置，以及模特所展示的服装，都需要考虑到模特的身高、肤色和外貌形象，确保整体效果和谐统一。特别是开场和闭场的选择，往往是整场服装表演的焦点和亮点。这两个关键时刻需要最能代表整场风格或品牌形象的模特来担纲，确保给观众留下深刻印象。此外，重点服饰展示环节也需要精心挑选模特，让模特将服装的特点和风格完美地呈现给观众。与此同时，模特之间的互动和协同也是编排设计的一大重点。如何确保模特在台上的动作、步伐和节奏与整体编排保持一致，以及如何通过互动更好地展示服装的特点和风格，都需要进行精心设计。

（三）表演编排设计的主要内容

1.路线设计

路线设计对于一场服装表演来说是关键，它决定了模特如何展现服装和自身在舞台上的风采。模特的行进路线即为其在舞台上的行走轨迹，它不仅影响到表演的视觉效果，还直接关系到整个演出的流畅性。在一场服装表演中，会有众多模特参与。每位模特或因其展示的服装不同或因其表演的角色和定位不同，都可能有各自独特的行进路线。这种差异化的路线设计可以为观众带来不同的视觉体验，使得演出更加生动有趣。模特的行进路线设计需要考虑多个因素，其中一个重要的因素是模特的表演难度。一个过于复杂的路线可能会增加模特的心理和物理压力，从而影响其表演的自然度和舒适性。因此，为每位模特设计的行进路线应尽量简洁，以确保其能够更自如地展现服装。但是，这并不意味着整场演出的路线设计应该一成不变。根据演出的主题和内容，路线设计可以是简单的，也可以是充满变化的。这种变化性可以为观众带来更多的惊喜，同时也可以更好地展现服装的多样性和模特的表演技巧。

合理且富有创意的行进路线能够为整场演出注入新的活力，让观众的目光随之流动，感受到每一个细节的魅力。流动性是舞台上的重要元素之一。流动性不仅仅是模特的移动，更是舞台上光影、音乐和氛围的流转。

一个好的路线设计可以让整个舞台变得生动有趣，避免演出过于单调和刻板。例如，多名模特通过交错的路线进入，可以创造出层次感和深度，使整个表演更具张力和吸引力。

观众视觉与听觉的完美呈现。开场和闭场是两个关键的节点，常被称为演出的"门面"。在开场时，第一印象的建立至关重要；而在闭场时，则是整场演出的高潮，需要给观众留下深刻的印象。模特的行进路线设计是确保整场演出流畅与高效的关键。多名模特同时出场与退场时，时间的把握和顺序的安排不容忽视。如果模特的进退场时间和顺序出现混乱，会给观众带来困惑，而且可能会影响到整场演出的观赏效果。单人进退场需要保证均匀性，避免出现空当或重叠；而多人进退场要保证连续性，避免出现中断或混乱。集体出场时，模特的位置分布应当有条不紊，落位要准确；而集体退场更是要连贯有序，保持一致的步伐和节奏。此外，模特间的合理间隔，也称为表演节奏，是另一个值得注意的方面。表演节奏对舞台表演的整体感和观赏效果起到决定性的作用。适当的间隔距离能确保舞台上的表演人数得到有效的控制，防止舞台显得过于拥挤或空旷。整体布局应当平衡，使得每位模特都能在舞台上得到充分的展示，而观众也能够轻松地欣赏到每一位模特的表演。但间隔距离的设计绝不仅仅是为了视觉效果，实际上，更是为了保证整场演出的时间长度。模特和后台工作人员需要有足够的时间进行换装和换妆，避免由于匆忙而导致混乱。因此，良好的表演节奏不仅能给观众带来愉悦的观赏体验，还能确保整场演出的高效和专业。

2.定点设计

服装表演作为一场视觉的盛宴，不仅仅是模特行走的舞台表演，更多的是如何在特定的位置上，展现出服装的特点和设计。这就涉及定点设计的重要性，确保服装在不同位置上得到最佳的展现。

在舞台表演中，模特往往需要在某一具体位置完成静态造型，这种方式能够使观众更加深入地欣赏服装的每一个细节。常见的定点位置有前台台中、底台台中、中台台中或中台两侧。每个定点都有其特殊的意义和功能。底台定点造型如同一个大背景的展示，主要是为了展示模特所穿服装的整体效果。在这个位置上，模特的静态展示使得观众能够对服装作品形成一个完整的、宏观的认识。这样的展示，使得服装作品的整体设计和色彩搭配得到了完美的呈现。前台定点造型则更多地考虑到了媒体的拍摄需求。由于模特在这个位置的停留时间会比较长，所以摄影师和摄像师都能够有足够的时间来捕捉服装的每一个细节。这不仅能够展现出服装的完整造型，还能够展示出服装的设计细节，如针织、刺绣、配饰等。中台定点造型更注重与观众的互动。在这里，模特可以更加接近观众，展示出服装的功能性设计和细节。

定点的设计与控制演出时间密切相关。展示服装数量少或者舞台较小时，定点多是为了确保每一套服装都能够得到充分的展示，让观众有足够的时间欣赏并能理解每一个设计细节。在这种情况下，适当增加定点数量和延长定点造型的时间，可以为观众提供更多的欣赏机会，同时也为模特提供更多的展示时间。但是，当展示的服装数量多或后台换装时间紧张时，定点设计就需要进行相应的调整。定点的减少，可以确保整场演出的时间控制，防止由于多余的定点而使演出拖长。同样，后台换装时间紧张时，增加定点造型可以为模特提供宝贵的换装时间，确保下一次出场时的造型完美无瑕。定点设计不仅仅是摆拍，它是一个全面、综合的设计思考，涉及演出的各个环节。从模特的展示到观众的感受，再到整体演出的流畅性，每一个环节都与定点设计有着密切的关系。

3. 造型及布局设计

合理有效的舞台造型与布局设计能够增强演出的视觉冲击力，使每一位观众都能全方位、多角度地欣赏到每一款服装的细节和特色。

对于多名模特的表演编排，需考虑多方面的因素来实现舞台的整体和谐与平衡。不同方向的造型考虑到各个位置观众的视线角度，确保每位观众都能够清晰地看到舞台上的每一个细节。这样做的目的是满足所有观众的观赏需求，让观众从每一个角度都能看到最佳的展示效果。同时，舞台的空间利用也是设计中必须考虑的重要元素。通过合理利用舞台的宽度、深度，以及可能存在的台阶与道具，模特可以展现出不同的站姿、坐姿、跪姿或卧姿，从而创造出高低错落、富有层次感的视觉效果，增强观众的视觉体验。

在组合造型中，模特之间的距离也是一个关键因素。模特应保持适当的距离，既能确保舞台的整体和谐，又能防止模特在移动时发生碰撞，确保表演的流畅性。另外，造型的多样性是展现舞台魅力的重要方式。单人或多人组合的多样化设计可以确保舞台的焦点始终集中，同时又能让观众感受到舞台的宽广与深邃。动态与静态之间的过渡也是表演中不可或缺的一环。模特从静态造型过渡到动态行进时，动作的衔接必须自然流畅，以维持舞台的整体美感。为了增强舞台的流动性和造型布局的变化，避免长时间的静态造型，可以考虑使用单点多次造型或对点换位的方式。

（四）表演编排设计的原则

服装表演编排设计作为舞台演出中的一个核心环节，必须明确其设计原则。这不仅涉及服装表演的动态与静态布局，还包括舞台线路、光影运用、音效搭配等众多要素的整合。这种整合并不是简单的叠加，而是经过深思熟虑的策划和设计。

1.高低平衡

高低平衡作为表演编排设计的重要原则，直接关系到舞台效果和观众的视觉体验。此原则的核心思想在于确保舞台上模特的身高在视觉上呈现出均衡与和谐，从而使整个演出达到一种有节奏、有规律的视觉美感。

在为模特分配出场顺序时，模特的身高需要作为一个关键因素来考虑。这并不仅仅是为了避免在舞台上产生突兀的身高差异，更是为了在视觉上创造一种和谐、连贯的效果。调整模特的出场顺序，使得按序出场的模特身高呈现出一种曲线分布，是一个明智的策略。这样的编排方式，即"由高到矮再到高"，为观众提供了一种视觉上的起伏与变化，增加了演出的吸引力。尽管有时为了追求特定的效果，也会使用"由矮到高再到矮"的方式，但这样的编排需谨慎使用，确保不会破坏整体的和谐感。在多人组合的编排中，模特之间的身高尽量保持接近，这样可以避免过大的身高差异带来的不和谐感。对于同性别模特，身高差应控制在 3～5 cm，而男女模特组合时的身高差应尽量保持在 10 cm 以内。这样的细节考虑，有助于使整个舞台效果更为协调，使观众更加集中注意力于服装和表演，而不是被模特之间的身高差异所干扰。除了考虑模特的身高，舞台布局与设备、台阶，也是高低平衡原则中不可忽视的部分。在使用台阶或其他高低不平的装置时，需要精心策划每位模特的站位。避免大量模特聚集在台阶的高处，而是应当让大部分模特分布在舞台上，与少数站在台阶上的模特形成层次分明、高低均衡的画面效果。

2.远近平衡

服装表演舞台的进出台口及底台的位置距离观众较远，因而在视觉上的影响相对较小；而走道上的模特则距离观众较近，容易成为视觉的焦点。这种由近及远的空间布局带来的轻重差异，如果处理不当，会导致舞台的视觉失衡，从而影响到观众的观看体验。有效地控制模特在舞台上的数量和位置是为了保持舞台的整体平衡，确保舞台上的每一部分都能得到适当的利用，而不会出现人数过多或过少的情况。如果底台位置的模特过多，而前台和中台的模特又过少，这种分布不均的情况会导致舞台视觉的偏重，使得观众的注意力被过分地吸引到某一部分，而忽略了其他部分。

动态表演时，模特在舞台上的移动也会影响到舞台的视觉平衡。如果模特之间的距离过大或过小，或者某一部分的模特数量过多或过少，都会打破舞台的整体平衡。因此，需要根据舞台的空间布局和模特的动作，合理地控制模特的间隔距离，确保舞台的前台、中台、底台在视觉上都能得到适当的强调。另外，在设计模特的整体造型时，还需考虑到舞台的远近平衡原则。一般来说，距离观众较远的位置需要更多的模特来填充，以增强视觉的冲击力；而距离观众较近的位置则需要较少的模特，以避免视觉上的拥挤和混乱。这种"远多近少"的原则，能够确保舞台的每一部分都能得到恰当的利用，从而达到最佳的视觉效果。

3.多少平衡

在舞台艺术中，多少平衡原则是关键。多少平衡原则与高低平衡原则、远近平衡原则并不是孤立的概念，而是在实际应用中相互关联、相互影响。它们共同塑造了舞台的整体效果和节奏感，为观众带来了多层次的视觉享受。

高低平衡原则通常指的是舞台上物体或人物的高度排列，而多少平衡原则则是与之关联的。在一个特定的表演环境中，当物体或人物处于一个较高的位置时，数量应适量，确保不会使舞台看起来过于拥挤。相反，当它们处于较低的位置时，数量可以相对增多，以填补空间并给予观众更为丰富的视觉体验。远近平衡原则涉及对舞台深度的探索。当物体或模特处于舞台的前沿，即更靠近观众时，为了确保焦点和视觉的集中，数量应当有所控制。而当模特位于舞台的深处，与观众的距离较远时，数量可以适当增加，以确保舞台的深度和层次。一个好的编排不仅仅是模特的简单排列，还要考虑到整体的舞台效果，以及如何最大限度地突出服装的特色和美感。通过保持舞台上多与少的平衡，编导可以使服装得到最佳的展示，同时也为观众带来了舒适、和谐的观赏体验。

4. 疏密平衡

疏密平衡指的是在模特动态展示时，个体之间的距离应该既不过稀也不过密，这样才能确保观众能够完整地欣赏每一套服装，而不仅仅是走马观花地浏览。间隔距离的疏密直接影响观众对舞台的整体感受。若间隔过疏，会使得舞台显得空旷，导致观众感觉舞台上缺乏活力和节奏；而间隔过密，则可能导致观众视线混乱，无法集中注意力欣赏每一套服装的细节。因此，平衡这两者至关重要。

不仅如此，舞台的布局与造型也需要考虑疏密的平衡。一个平衡的布局不仅要考虑到远近、高低和多少的组合，更要确保模特之间、组与组之间，以及组内成员之间的距离都适中，这样才能确保整体舞台的错落有致。例如，当一组模特入场展示时，如果人数过多或排列过密，可能会导致观众视线混乱，无法集中注意力；反之，如果人数过少或排列过疏，可能会导致观众感觉舞台空旷、缺乏活力。因此，合理安排每组模特的人数和间隔是关键。同样，组与组之间的距离也需考虑。如果两组模特的间隔过近，可能会导致观众难以区分两组的风格和主题；而如果间隔距离过远，则可能导致观众感觉断裂、缺乏连贯性。

5. 动静平衡

动静平衡在服装表演编排设计中扮演着核心角色。舞台上的模特如何切换自身的动态和静态，将直接影响观众对服装的感知。服装并不仅仅是被展示的物件，它与模特的身体、行走、动作以及造型息息相关，共同构建出一场视觉的盛宴。

发布会性质的服装表演常常以动态为主导。模特频繁地更换位置，频繁地展示服装，让观众从多个角度看到服装的细节和特点。但在这种频繁的动态中，模特需要在适当的时候展现静态的造型，这样可以使观众更好地聚焦到某一个特定的细节或设计元素上。这种动静之间的平衡，不仅可以让观众更好地理解服装的设计理念，还可以增加整场表演的趣味性和层次感。而在比赛类的服装表演中，如服装设计大赛或模特大赛，整体的编排更注重在群体和个体之间的动静平衡。开始时，模特可以组成一个静态的大合影，展示整体的和谐与统一。而随后，单个模特或几个模特从群体中走出，开始动态展示，将服装的特点或设计理念逐一展现给观众。这种从"静"到"动"的变换，使得观众在观看时始终保持着新鲜感和期待感。至于帽盒秀这类以静态展示为主的服装表演，其动静平衡的关键在于如何处理长时间的静态展示和短暂的动态变换。在这种表演中，模特长时间地保持某一造型，让观众充分地欣赏和感受服装的美感。而在适当的时候，模特可能会进行简短的动态展示，或是换一个造型，或是进行场上的位置变动。这种短暂的"动"给整场表演带来了节奏和变化，同时也避免了观众的注意力分散或感到单调。

　　无论是哪种类型的服装表演，动静平衡都是其编排设计的关键。如何根据服装、模特和表演的主题，恰当地处理动与静之间的关系，将直接决定整场表演的成功与否。

　　6.快慢平衡

　　音乐节奏的快慢决定了整场表演的动感与情调。如果音乐节奏较快，表演自然也会展现出一种生动、活跃的氛围，模特的步履会更加轻快，整个舞台会显得更为热闹和充满活力。相反，如果音乐节奏较慢，表演则会呈现出一种优雅、庄重的氛围，模特会采取缓慢而庄重的步伐，展现出更为深沉的气质。同时，服装的体积量与音乐的快慢选择也有着不可分割的联系。例如，轻便、少料的服装如泳装、内衣通常搭配上快节奏的音乐，这种搭配可以更好地突出服装的轻盈和自由，使整个表演更加明快和活泼。而那些体积量较大的服装，如婚纱和晚礼服，则更适合与中慢速节奏的音乐相搭配，这样可以更好地呈现出服装的庄重与华丽，让观众沉浸在一种浪漫、梦幻的氛围中。

在编排过程中，对比与平衡同样至关重要。模特走台速度的快与慢对比不仅可以展现出服装的多样性和层次感，还可以增强舞台的动感和艺术效果，从而吸引观众的眼球。如同画中的浓淡对比，这种快慢节奏的变化给人一种波澜起伏的感觉，使得整场表演都充满了戏剧性和张力。然而，要做到完美的快慢平衡并不容易。这需要编导具备高超的设计水平和对整场演出的细致把控能力。每一首音乐、每一款服装、每一个步伐都需要精心策划和选择，确保它们之间的协调与和谐，从而为观众呈现出一场完美的服装表演。

二、表演编排设计方法

（一）程式化服装表演的编排设计

1.概念

"One by one"是一种类似游行式的服装表演走台方式，也称为程式化服装表演，俗称"By秀"，是服装表演中最基本、最常用和最简单的方式，也是专业品牌发布会最擅长使用的表演编排设计方式①。One by one可视为游行式的展现，其特色在于模特的出场方式：一个接一个，连续不断。这种连续的走台形式为观众带来了一种连续性和流动性的视觉体验，仿佛在观赏一幅流动的时尚画卷，每位模特都如画中的一个画面，逐一呈现在观众眼前。这种编排方式的优势在于其简洁和直观。观众可以清晰地看到每一套服装的细节，每一位模特都有充足的时间和空间展示自己的服装。这不仅使得服装的设计和细节得到充分的展现，也为模特提供了展示自己才华的机会。正因为这种方式的简洁和有效性，许多专业品牌在发布会上都倾向于使用One by one的编排方式。

2.行进路线

（1）基本路线。合理的行进路线可以确保模特的动作流畅，展现出服装的美感，同时也能确保观众的视线始终聚焦在模特身上。在程式化服装表演中，行进线路的编排设计主要有三种基本路线。

---

① 周晓鸣.服装表演策划与编导[M].北京：化学工业出版社，2018：107.

第一种，在众多的行进路线中，中线出、中线回被视为最基本的走台方式。模特从出台口出现，沿着伸展台的中心路线直线前进至前台，然后沿中线路径返回，完成整个展示。这种简单、直接的走台方式保证了模特完整、清晰地展示服装的每一个细节。这种编排设计方法的明显优势是，它非常直观，能够使观众的注意力高度集中。当模特沿着中线走时，观众的视线自然而然地跟随其移动，无论是前面还是背面的服装细节，都可以被完美地展现给观众。此外，中线出、中线回的编排设计方法在服装表演的特定环节中被广泛应用，比如开场、闭场或者某些特定的重要服装展示。在这些重要的环节中，中线出、中线回的走台方式更能够凸显出服装的特点和重要性，让观众更为关注。

　　第二种，中线出、左右边线分别回。这条线路需要考虑到舞台的整体布局和观众的观看角度，确保模特在行进过程中可以充分展示服装的各个角度，同时也让每一位观众都能清晰地看到模特和模特身上的服装。

　　当模特从出台口上场时，选择沿着伸展台中线行进至前台，这一设计的目的是确保观众可以首先从正面欣赏到模特和服装，这样可以使服装的正面设计成为焦点，引起观众的注意。这种行进方式可以确保模特在进场时得到足够的关注，使得服装的展示效果达到最佳。而当模特到达前台后，再依次沿两侧的边线一左一右返回进场，这种设计的考虑在于保持舞台的动态平衡。一方面，当模特从中线前进到前台后，通过左右分散的方式返回可以避免舞台中心过于拥挤，确保每位模特都有足够的空间展示服装。另一方面，这种左右分散的方式也可以让观众从不同的角度欣赏到服装的侧面和背面设计，使得服装得到全方位的展示。此外，通过这种中线出、左右边线分别回的行进线路，也可以为模特提供一个流畅的行进路径，避免因为交错或碰撞而影响展示效果。同时，这种行进线路也为模特提供了足够的时间和空间与观众进行互动，增强了服装表演的观赏性，因此，这种行进路线是 One by one 走台设计中常见的编排手法。

　　第三种，在 One by one 的编排中，边线出、边线回的路线设计成为一种受欢迎的选择。这种方式意味着模特在从出台口上场后，不是直接走向前台的中央，而是沿着伸展台的边线行进。这种设计的好处是可以保证舞台的左右两侧都得到充分的利用，避免出现观众只关注中央的情况，确保每位观众都能够得到最佳的观赏体验。到达前台后，模特会沿着伸展台另一侧的边线返回，这种回程设计同样能确保舞台的均衡性，让观众的视线不会只集中在一个方向。但值得注意的是，模特在前台造型时，不能一直停留在边线位置，因为这样会影响到中央区域观众的观赏体验。为了解决这一问题，模特在造型时需要移至前台的中线位置，这样既可以保证前台的均衡性，又不会影响观众的观赏。

在设计路线时，不管是"中线出、中线回"、"边线出、边线回"，还是"中线出、左右边线分别回"，造型点的选择也是一个关键因素。共有4个位置供选择，其中1位置为必选位置，因为它是最能吸引观众注意力的位置。而2、3、4、5位置则为可选位置，可以根据服装的特点和模特的表演风格来灵活选择，如图6-1所示。

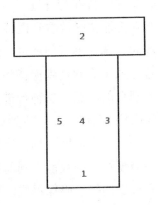

图 6-1　One by one 编排设计中的常见造型点

（2）变化路线。变化路线在 One by one 编排设计中是一种为了增强演出效果的策略。相比于常规的直线或简单路线，变化路线注重场上的动态与空间的利用，使得模特的表现和服装的展示更具有层次感和动态变化。

其一，两组或多组路线。当谈到两组或多组路线时，意味着模特可以采用多种不同的路径来展示服装。例如，一组模特可以从左侧的入口进入舞台，走到舞台中心展示服装，然后从右侧的出口离开。与此同时，另一组模特可以选择与前一组完全相反的路径。这种设计使得观众的视线在舞台上产生了交错，增加了观赏的乐趣。这种多组路线的设计要求编导在编排之初就对模特的移动路径有明确的规划，确保每个模特都能够完美地展示服装，同时还要确保模特之间不会发生交错或碰撞。

其二，多个来回路线。多个来回路线是一个不同于传统的选择。传统上，模特通常只在舞台上行走一次，然后返回后台。但为了提升演出的观赏性和吸引观众的注意力，有时会选择更为复杂的路线，如两个或多个来回的路线。这种方法的目的是增加舞台上模特的数量，从而使得整个演出的气氛更加热烈和活跃，如图6-2所示。同时，这种路线要求舞台的宽度足够大，以便模特可以自由地移动。此外，对模特间隔的控制也成了一项挑战。必须确保模特之间的距离既不能太远，造成舞台空洞，也不能太近，避免模特之间的碰撞。这种"交通事故"不仅会影响演出的顺利进行，还可能造成对模特的伤害。因此，编排设计师必须精确地计算每位模特的行进速度、间隔时间等，确保整场表演的流畅性。

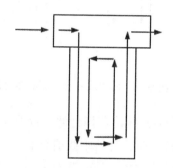

图6-2　One by one 编排设计中的多来回设计

（二）双人组合的编排设计

1. 概念

双人组合的编排设计是一种由两名模特同时在舞台上进行服装表演的走台方式，能体现所展示服装的相互关系。在这种编排中，两名模特的服装可能是同一系列的、风格相近的或者完全对立的。这种设计能够为观众提供一个对比或者相似的视角，使其更容易理解和欣赏每一套服装的独特之处。

2.行进路线

正确的行进路线可以最大化地展现服装的特点和美感，同时也能增强模特之间和模特与观众之间的情感交流。因此，选择合适的行进路线是每场服装表演成功的关键。

（1）两名模特从舞台伸展台的两边线前行，原路线返回是最常见的一种，如图6-3所示。这种路线设计可以强调两名模特的同步性，展现互动和合作。

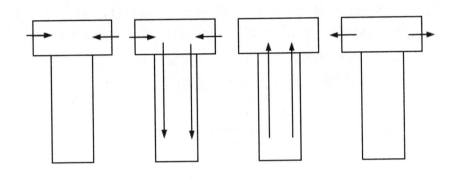

图6-3 两边线前行，原路线返回

（2）两名模特按先后次序沿着舞台伸展台中线前行，再沿原路线返回。

（3）两名模特同时由伸展台的中线前行至台前，分别从伸展台的左右边线返回。这种路线设计的特点是强调双人组合的统一性和对称性，使模特间的互动和服装的展示达到最佳效果。

（4）模特从伸展台的两侧边线前行至台前，这种编排方式增加了动态感。当两名模特向中线并拢时，产生的是一种集结的效果，仿佛两股力量在汇聚。而在中线返回时，两位模特的同步走动更是强调了他们之间的默契，同时也能充分展示服装的正面设计。

行进路线不仅仅是模特们的移动路径，它更是展示服装、传达情感和创造视觉焦点的重要手段。两名模特在台上时，动态平衡的掌握是确保演出效果的关键。动态平衡并不仅仅意味着两名模特在空间上的均衡分布，更多的是在舞台上创造一种和谐、连贯的视觉效果。横向和纵向的间距调整是实现动态平衡的主要手段。在横向上，模特间的间距应该既不过近也不过远，确保两者都能够得到足够的展示空间，同时也能够有足够的空间进行互动。在纵向上，间距的调整更多的是为了确保观众的视线可以平滑地从一个模特转移到另一个模特，创造一种连贯、流畅的视觉效果。前台定点是每次模特行进的终点，也是演出的高潮部分。在这个位置，模特不仅要展示服装的美观性，更要通过姿态和表情传达出服装的风格和情感。双人组合在前台定点时，可以选择各自独立的造型，展示自己的个性，也可以选择向舞台中间并拢，进行有互动的组合造型。

（三）多人组合的编排设计

1.概念

多人组合的编排设计是由三名及三名以上的模特同时在舞台上进行服装表演的走台方式。这种组合方式，使得服装间的相互关系得到了凸显。每一套服装都可能与其他服装有所呼应，无论是颜色、款式还是材质。这种相互关系使得整个服装系列更加丰富多彩，也使得服装的风格、主题和设计理念得到了更好的展示。通过这种编排方式，观众可以更加直观地感受到系列服装的整组风格。当多个模特一同走台，整组风格的展示效果会更加明显，观众可以更好地理解设计师的设计意图和创意。而模特间的互动也为观众提供了丰富的视觉体验，使得服装表演更加引人入胜。

2.编排设计方案

（1）基本方案。基本方案着重于简洁明了地展示服装和模特的美态。考虑到表演的核心是服装，所以设计的方案应该确保每套服装都能得到充分的展示。同时，多人的组合也为表演增添了动感和节奏感，可以更好地吸引观众的眼球。

①先整组后个人的方案，具有其独特的魅力和效果。同组模特同时出场，既可以增强舞台的视觉冲击力，又能为观众提供一个全面的视觉体验。当模特以整体形式出现时，观众的注意力会被立刻吸引，为接下来的个人展示创造了良好的氛围。接下来，模特再逐个进行展示，允许观众更深入地欣赏每位模特的风格和特点，同时也展示了服装的细节和设计。这种编排方式可以充分展现每位模特和服装的特点，同时也保持了舞台的活

力和节奏。

②先个人后整组的方案则是另一种展现方式。在这种方案中，模特首先分别进行 One by one 展示，让观众逐一欣赏每套服装和模特的风格。这种方式有助于强化观众对每位模特和服装的印象。当所有模特展示完毕后，回到底台并依次进行定点造型，最终形成一个完整的组合造型布局。这种编排方式的优点在于它可以逐步建立观众的期待感，在最后以一个震撼的整体造型为演出画上完美的句号。

③先整组后小组的编排方法，要求模特在出场时即形成一个完整的组合，展示出统一的造型和风格。这种方式的优势在于能够迅速给观众一个整体的视觉冲击，使其立刻对即将展示的服装或主题产生浓厚的兴趣。整个团队的同步亮相，无疑增加了舞台的视觉冲击力。但在整体展示后，模特需要迅速分解为小组，对服装进行详细展示。这样，观众不仅可以看到整体的效果，还可以对每套服装有深入了解。

④先小组后整组的编排方法则是与前者恰恰相反。开始时，各个小组分别进行表演展示，各自突出自己的特色和亮点。小组展示的过程中，观众可以更为集中地欣赏每套服装的细节和特点。在各个小组展示完毕后，模特会依次返回底台，并逐渐形成一个完整的组合造型。这种方法的优势在于，观众在对每个小组有了深入了解后，可以更加期待整组的合体展示，这样的结尾常常带有惊喜和高潮。

无论选择哪种编排方法，都需要确保舞台效果的统一和协调。同时，模特的动作、节奏和配合也是成功编排的关键。在实际编排中，还可以根据实际需要和特点，灵活调整和组合这两种方法，创造出更加丰富和多样的舞台效果。

（2）组合编排方案。能够展示服饰的整体风格和氛围，传达出一个集体的美学视角。在整组或若干小组同时行进表演时，编排手法的选择尤为关键，它不仅能突出每一位模特的特点，还能够为观众展现出有序、和谐、统一的视觉美感。

①整组推进返回。简言之，就是模特组合以特定的队形前进，并在合适的位置原地转身返回原地。这种方法在舞台表演中比较常见，因为它可以在有限的空间内展示出多样的造型和动作。

对于三人组，正三角形和倒三角形是常见的队形。正三角形队形中，三名模特站成一个等边三角形，这种队形可以充分展示每位模特的服装，确保观众可以从多个角度欣赏到服装的细节。而倒三角形队形则是两名模特在前，一名模特在后，这种队形更适用于展示前面的两套服装为主，后面的一套服装为辅的情况。对于四人组，四边形和菱形是常见的选择。四边形队形可以确保四名模特的位置均匀，每位模特都可以得到充分的展示空间。而菱形队形则是一名模特在前，两名模特在中间，一名模特在后，这种队形更适用于展示中间的两套服装为主，前后的两套服装为辅的情况。对于五人组，五边形、矩形包围、梯形和三角形等队形都是不错的选择。五边形队形允许每位模特都有自己的位置，可以充分展示每套服装。矩形包围则是四名模特站成一个矩形，中间有一名模特，这种队形可以突出中间的模特。而梯形和三角形队形则可以强调某个模特，使其成为焦点。如图6-4所示。

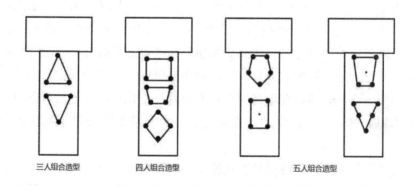

三人组合造型　　四人组合造型　　　　　　五人组合造型

图6-4 多人组合 整组推进返回

②整组成员个人直上直下。组合编排方案中，有一种非常具有代表性的编排方式：整组成员个人直上直下。在这种编排中，同组的所有模特都会在舞台上定点成一个造型，然后每一个模特都会单独地直上舞台并直下，最后再回到原先的位置，重组成原来的造型。这种编排方式在业内被称为"跑龙套"，如图6-5所示。此外，这种编排方式还可以创造出一种动态的舞台效果。模特在舞台上的移动和变换，使得舞台上的氛围不断地变化，为观众带来连续不断的视觉冲击和惊喜。

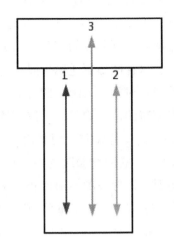

图6-5　多人组合　整组成员个人直上直下

③整组成员对点换位。简单来说，对点换位就是同组成员在定点形成一个造型后，再根据编排的需要进行位置的互换，如图6-6所示。这种互换可以采用不同的方式，比如交叉换位，或者是顺时针、逆时针的旋转换位。无论采用哪种换位方式，关键是在换位后，原先的造型要尽可能地保持不变。这样，即使在动态中进行了位置的变化，观众仍然可以清晰地辨认出原始的造型，这样的对比和连贯性为服装表演增添了趣味性和层次感。

交叉换位的方式往往更具有戏剧性。在同一个组合中，不同成员之间交叉移动，这种移动形式为表演增添了动态感。它打破了观众的预期，使得舞台上的每一个动作都变得充满了新鲜感和不确定性。观众的视线会随着模特的移动而移动，形成了一种视觉的追踪。这对于服装表演来说是极为有益的，因为它确保了观众的注意力始终被吸引。顺时针或逆时针旋转的换位方式则更像是一种流畅的旋转，给人一种和谐的感觉。这种方式强调了整体的连贯性和团队的合作。在旋转过程中，每名模特都保持着与其他成员一致的节奏和动作，形成了一种高度的同步感。

在实际的服装表演编排中，不同的换位方式可以结合使用，以增强编排的多样性和趣味性。但无论采用哪种方式，都需要确保造型的完整性和连贯性。这样，既可以保证观众的观赏体验，又可以展示出模特和服装的魅力。整组成员的对点换位是一种有效、实用的编排设计方法，它为服装表演带来了新的可能性和创意。

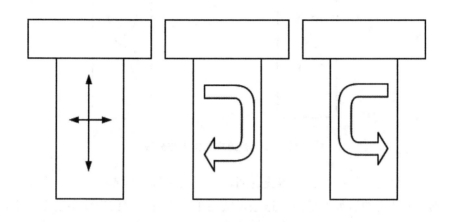

图 6-6 整组成员对点换位

④整组成员集中与分散。在整组成员集中与分散的编排中，同组的成员首先定点成一个具体的造型。这种造型可能是一个特定的图案、一个有意义的形状，或者任何其他编导认为能够引起观众兴趣的布局。这个初始的造型为接下来的集中与分散表演提供了基础。随后，整个组的成员开始向一个中心点集中。这种集中可以是实际的、物理的移动，也可以是通过身体动作和姿态来实现的。无论如何，整个过程都应该是和谐、连贯的，确保每位模特的移动都与其他成员的移动协同，形成一个连续、流畅的视觉效果。当所有的成员都集中在中心点时，在原地进行转身。这种转身不仅是身体上的，也可以包括服装、造型和表情的变化。转身完成后，成员开始分散，沿着原来的路线返回到之前的位置，重新形成原来的造型，如图 6-7 所示。

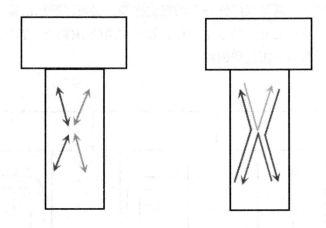

图 6-7　整组成员集中与分散

⑤整组成员中线直上边线返回。同组的模特会首先固定在一个点，形成一个独特的造型。随后，这些模特会单独沿着舞台的中线向前走，根据奇偶数，模特会选择从舞台的左边或右边返回。模特可以选择落位成原来的造型，或者组成一个全新的造型，这种方法被称为"开花"，如图 6-8所示。

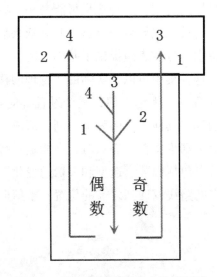

图 6-8　整组成员中线直上边线返回

第二节　不同舞台表演形式的编排设计

一、T台及其变形舞台的编排设计

T型舞台，历久弥新，持久地留存在时尚圈的中心位置。这种舞台之所以广受欢迎，正是因为它完美地展示了模特的前、侧、后3个方向，充分展现了服装的全貌。模特在T型舞台上走出的每一步都被观众从多个角度观察，这使得每一件服装都能得到全面的呈现。随着时尚界不断地追求创新和变革，许多非传统的T台形式应运而生。L、V、X、Y、Z、O、S、U型以及十字型、回字型舞台等变形舞台，都是对传统T型舞台的延伸和变异。每种形态的舞台都有其独特的呈现方式和表演效果。

（一）I型舞台与T型舞台

时尚与表演艺术的交融，在历史长河中逐渐发展出了各种不同的舞台形式，其中I型与T型舞台脱颖而出，成为服装表演中最为经典的舞台设计。T型舞台源于传统的镜框式舞台，经过长期的打磨和演变，现在的设计仅保留了较窄的底台，它的主干延伸至观众区，使模特可以走得更近，让观众更近距离地观察服装的细节。其设计使得模特的行走路径更为直接，观众的视线也更为集中。而I型舞台则进一步简化了T型舞台的设计，彻底取消了底台。这种设计更为注重模特与服装的展示，没有多余的走动和转弯，让观众的注意力完全集中在模特和服装上。它给予设计师更大的自由度，使得服装展示更为纯粹。上一节中关于"表演编排设计的基本方法"的论述内容与I型与T型舞台的编排设计相适宜，为此，在这里不再赘述。

（二）O型舞台

O型舞台，其设计结构以"O"形为主导，赋予观众从四周观看表演的机会，这种结构无疑为服装展示带来了多角度的视觉享受。在服装表演领域，O型舞台经常被选作特殊的演出场合，因为它为观众和模特提供了更加亲密和立体的互动机会。O型舞台具有其独特的舞台布局，通常需要考虑到四面观众的视线，确保每一个角度都能完美地展现出服装的细节。这对于服装设计、灯光设计、模特的走台动作和整场编排都提出了更高的要求。因为在这样的舞台上，服装需要360°地展示其风采，不存在隐藏的角度或视线的死角。O型舞台有两种呈现方式。一种是呈圆环形的环形舞台，这种舞台更像是一个真正的"环"。在这样的舞台上，模特可以绕着中心进行表演，这确保了观众从任何位置都可以获得最佳的观赏效果。另一种是呈圆形的圆形舞台，这种舞台更接近于传统概念中的"圆"，与圆环形略有区别。在这样的舞台上，整个表面都可能被用于表演，没有明确的中心空白。

行进线路设计是环形舞台上最关键的部分。环形舞台上的线路设计通常是逆时针方向旋转，这样的设计可以使观众在任何一个角度都能看到表演者。按One by one的方式进行编排是常见的选择，这种方式可以确保每一位模特都得到充分的展示时间，并且可以使观众对每一套服装都有一个清晰的印象。虽然环形舞台的特点是没有固定的前后方向，但仍然可以设置造型点。造型点是模特停留并进行造型的地方，这可以为摄影师提供一个固定的拍摄角度。选择造型点的位置通常需要根据观众座位和摄影师席位来决定，以确保最佳的视觉效果。环形舞台上的另一个独特的编排设计是双向旋转的行进路线。这种设计通常需要两个模特同时从同一出台口出场，然后两者同时呈反向绕舞台行进。这样的设计不仅可以使观众感受到动态的变化，还可以为表演增添新的视觉冲击。当模特在某一点相遇时，如果他们展示的是同一系列的服装，还可以进行一个组合造型，为表演增加了新的看点，如图6-9所示。

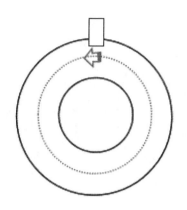
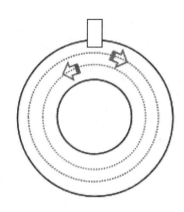

图 6-9　环形舞台线路设计

　　按 One by one 的方式进行圆形舞台的编排意味着每位模特依次上台，每次只有一位模特在舞台上。这种方式强调的是模特的个体表现，让观众有足够的时间和空间去欣赏每一套服装的细节和模特的造型。同时，这种方式也能确保每一位观众都能从自己的角度欣赏到最佳的服装展示效果。出台口和进台口的位置是编排设计的关键。根据这两个位置，可以确定模特的行进线路，确保整个表演流畅而不出错。线路设计需要考虑模特的行走速度、停留时间、转身动作等因素，确保每一次的表演都能呈现出最佳的效果，如图 6-10 所示。造型点的选择也是编排设计中的重要环节。造型点是模特展示服装和造型的重要位置，需要选择在舞台的某一特定位置。这一位置可以是舞台的中心，也可以是舞台的某一边缘，但必须确保在这一位置，模特的造型和服装能够得到最佳的展示。

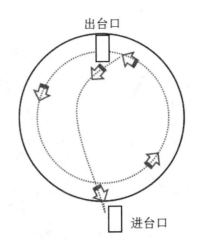

图 6-10　圆形舞台线路设计示意图

　　O 型舞台的特点是其环绕性和多角度展示性，使观众从多个方向欣赏模特的展示。在进行谢幕编排时，这种舞台为设计师提供了多种可能性来展示模特和他们所展示的服装。采用两路纵队的设计形式，模特从同一个上下场门出场，分为两队。当他们反向绕舞台走一圈后，这种动态流线可以最大化地利用 O 型舞台的空间特点。此外，当模特在走完一圈后定点布台，这种错落的层次和造型能够为观众呈现一个丰富的视觉效果，确保每位观众从其所在位置都能够清晰地看到每位模特和他们所展示的服装。另一种编排方式是让所有模特组成一个纵队，紧随其后绕舞台外圈行进。这种布局方式简洁而高效，特别适合于模特人数较多或需要快速谢幕的情况。模特们在走完整个舞台后均匀地布台，这样可以确保舞台的每一个部分都有模特出现，使得每位观众都能够获得完整的观赏体验。螺旋形线路的编排则是一种创新性的尝试。模特按照预先设计好的螺旋线轨迹进行走动，这种方式能够为观众呈现一个动态的、有节奏感的视觉体验。随着模特沿着螺旋线缓缓前进，观众可以感受到一个有序而富有变化的展示，这种设计能够在一定程度上增强观众的观看兴趣和参与感，如图 6-11 所示。在实际应用中，O 型舞台的谢幕编排需要考虑模特的数量、服装的特点以及演出的整体主题。不同的编排方式适用于不同的场景和需求。无论采用哪种方式，关键是确保模特能够在舞台上进行最佳的展示，同时为观众提供一个令人难忘的视觉体验。

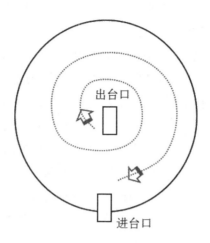

图 6-11　O 型舞台谢幕线路设计

（三）S 型舞台、Z 型舞台

S 型舞台与 Z 型舞台都采用非传统的线形设计，这种特殊的形状为观众提供了独特的视角。相较于传统的直线舞台，这些舞台更具有动态感和立体感，为演出增加了更丰富的视觉效果。

对于 S 型舞台来说，其弯曲的路线设计为模特的走台带来了更多的变化，但同时也增加了编排的难度。在进行编排设计时，需要考虑模特的动作、走位以及与观众的互动，确保舞台上的每一个区域都能被充分利用。同时，由于 S 型舞台的长度较长，可以考虑在舞台中间或其他合适的位置设置若干造型点，用于模特的展示或与观众的互动。Z 型舞台与 S 型舞台相似，其折线形状也为模特的走台提供了更大的变化空间。但与 S 型舞台不同的是，Z 型舞台更注重直线与转角的结合，这种设计为模特的转身、变换造型提供了更多的可能性。在进行 Z 型舞台的编排设计时，需要确保模特的走位流畅，避免在转角处出现混乱或拥挤的情况。

（四）L 型舞台

L 型舞台是一个特殊的舞台形式，常出现在特定的场地条件下，特别是当舞台的一侧或两侧被墙体所限制。这种舞台布局的出现多半是为了适应场地的实际情况，利用有限的空间为表演者提供更多的活动空间。当然，这种布局也向导演和舞台设计师提出了新的挑战：如何最大限度地利用这种非传统的布局来创造引人入胜的表演。

针对 L 型舞台的特点，编排设计可以考虑的是如何高效地使用舞台空间。通常，这种舞台的行进线路可以设计为来回或无往返的路线。这两种线路都有其独特的优点。来回的线路可以增加模特与观众的互动次数，使观众更多地参与表演；而无往返的路线则可以为模特提供更多的表现空间，避免在舞台上产生拥挤的现象。观众的座位安排和摄影师的位置也是编排设计中需要考虑的重要因素。因为 L 型舞台的结构较为复杂，观众和摄影师的位置选择将直接影响他们对表演的观赏效果。合理的座位安排可以确保每位观众都能够获得最佳的观赏角度，同时也可以为摄影师提供最佳的拍摄位置，确保捕捉到每个精彩瞬间。

为了避免编排过于烦琐，设计师可以选择在 L 型舞台的某些区域设置造型点。这些造型点是模特展示服装的关键位置，可以确保观众从不同的角度都能够清晰地看到服装的细节。此外，较长的 L 型舞台可以考虑在台中增设若干正面的定点造型。这些定点造型为模特提供了展示服装的更多机会，同时也可以作为表演的亮点，吸引观众的目光，如图 6-12 所示。

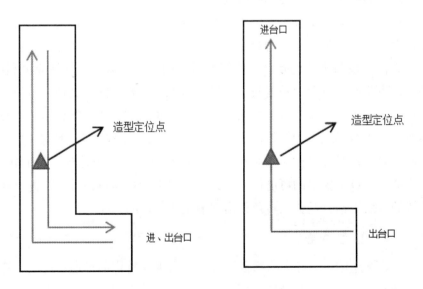

图 6-12　L 型舞台线路和定点设计

（五）X 型舞台和十字型舞台

　　X 型舞台与十字型舞台，两者在视觉上给予观众独特的感受。这类舞台形态的出现为表演者提供了更多的展现空间和行进路线。虽然两者在名称上有所不同，但其核心思想是相似的：通过交叉的台型为观众和模特提供更多的互动机会。

　　这种舞台设计特色在于模特的走秀路线选择。根据台口的布置和舞台整体设计，可以为模特提供一个连续流畅，不需要中途相遇的行进线路。这样可以确保模特在展示服装时不会受到其他模特的影响，使得每一套服装都能得到充分的展示。同样，为了增强戏剧性和视觉冲击力，也可以设计使模特在舞台中央相遇的线路。这种设计可以让观众在短时间内看到多种服装风格的对比，从而增强舞台的吸引力。在编排设计上，X 型舞台和十字型舞台更适合简洁明快的走秀形式。One by one 的方式即为此类设计的典型代表，模特逐一出场，确保每一套服装都得到足够的展示时间。由于 X 型舞台和十字型舞台提供了多个造型点，设计师可以根据服装的特色和模特的展示技巧选择合适的位置，确保每一套服装都能得到最佳的展示效果。此外，X 型舞台和十字型舞台还为编排设计提供了更多的可能性。例如，可以设计两个台口同时进行上下场的行进路线。模特可以根据编号，如奇偶数，从一个台口出场，然后从另一个台口退场。这种设计不仅可以为观众提供更多的视觉刺激，还可以确保模特在走秀过程中有足够的空间进行展示，如图 6-13 所示。

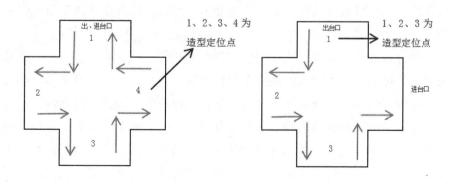

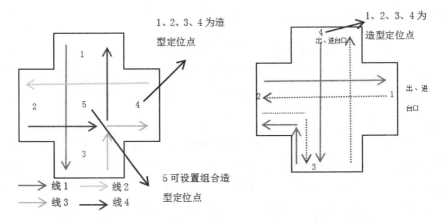

图 6-13　十字型舞台（X 型舞台）线路和定点设计

（六）Y 型舞台和 V 型舞台

Y 型舞台，可以视之为 V 型舞台与 I 型舞台的混合体。Y 型舞台的设计允许只在延伸的舞台部分进行往返的行进，而不必在整个舞台上进行。这样的设计更为集中，更便于观众的观赏，确保了表演焦点的清晰度。在此基础上，One by one 的简单形式成为理想的走台方式，因为它确保了每位模特都能在舞台的关键位置得到足够的展示机会。

V 型舞台具有其明显的尖锐角度，使得模特的行进流畅，无须进行往返。在这样的舞台上，V 字的尖顶成为关键的造型点，为模特提供了一个展现自己的理想位置。同时，由于其形状特点，它也为编导提供了更多的可能性，如模特可以从舞台的一侧走到另一侧，使得观众从两个角度看到模特。

双台口的设计是 Y 型舞台和 V 型舞台的另一个共同特色，为编排带来更多的可能性。模特可以从一个台口出场，再从另一个台口进场，形成一种连续不断的表演流程。这种行进线路不仅确保了表演的连续性，还为观众带来了不同的视角体验。而在这种双台口的基础上，也为创意组合编排留下了空间。例如，模特可以被分为奇偶两组，从不同的台口出场，再在舞台中心会合，形成小组造型。这种编排方式不仅突出了每位模特，还加入了团队的元素，使得整体表演更加丰富，如图 6-14 所示。

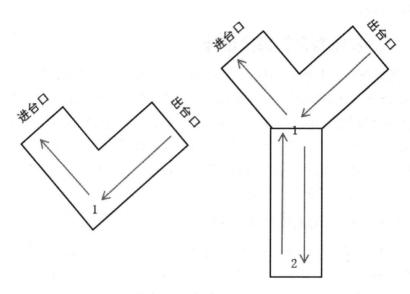

图 6-14　V 型舞台和 Y 型舞台线路和定点设计

（七）U 型舞台和回字型舞台

　　U 型舞台与回字型舞台经常在各种表演中使用，由于其独特的结构与形式，为表演者提供了丰富的空间与可能性。尽管两者在形状上略有相似，但回字型舞台由于具有底台设计，为其赋予了更多的创作空间。

　　双台口设计是 U 型舞台与回字型舞台的特色之一。这种设计为编排者提供了许多选择和可能性。一个无往返的行进线路不仅可以节省时间，还可以使表演更加流畅。而通过出场口的变动，线路变化设计为表演带来了更多的变数与惊喜，丰富了观众的观看体验。回字型舞台的底台设计是其与 U 型舞台最大的区别。这种设计增加了更多的造型点，为表演带来了更多的层次感。模特可以在底台上进行组合造型，或者与 T 台上的模特进行互动，创造出不同的表演效果。同时，底台还可以为大型表演提供支撑，使其更加稳定。动态表演与静态展示的结合是两种舞台编排的另一个亮点。在动态表演中，模特可以在 T 台上走秀，展示服装的每一个细节；而在静态展示中，模特可以在底台上进行组合造型，为观众展示服装的全貌。这种结合不仅为表演带来了更多的变化，还可以为观众带来更加完整的视觉体验。

二、剧院舞台的编排设计

剧院舞台，古老而又传统，常作为各种艺术表演的重要场所。从宏大的舞剧到情感细腻的话剧，这类舞台一直是各类文艺演出的首选。当选择剧院舞台为服装表演的场地时，编导需要具备更高的适应性和创新性。要学会灵活应变，对已有的舞台资源进行有效的利用，同时又不失去服装展示的核心内容。这需要编导对剧院舞台的特点和限制有深入的了解，同时也要对服装表演有独特的见解。

（一）镜框式剧院舞台的编排设计

镜框式剧院舞台因其特有的构造在舞台编排中具有独特性。其宽阔的舞台面积确实为表演提供了广泛的空间，但其纵深度的不足也给编排带来了挑战。相较于标准的 T 型舞台，其走道长度明显较短，这意味着在演出时模特的行走路径以及表演动线需要经过精心设计。

1. 改动舞台的编排设计

镜框式剧院舞台在举办发布类的服装表演时可能会受限，但通过合理的改建和技术手段，可以为服装表演创造更好的条件，使观众可以更加深入地感受服装的魅力。

（1）改为标准 T 型舞台。镜框式剧院舞台改为标准 T 型舞台是当今流行的一个选择。镜框式剧院舞台与 T 型舞台的主要区别在于它们的台口设计。传统的镜框式剧院舞台是固定的、四四方方的形式，而 T 型舞台则是在这个基础上增加了向前延伸的栈桥，形成了 T 字形状。这种设计更适合模特走台，因为它为模特提供了可以向观众更近距离展示的空间，使观众能够更加清楚地看到每一个细节。在进行这种改动时，需要考虑的主要问题是：建设 T 型舞台的栈桥会穿越观众席位。这不仅会影响到整体的观众容纳量，还会对观众的观赏体验带来影响。从正面看，这种设计可以使观众更加亲近表演。但从另一方面，它也可能会遮挡某些观众的视线，尤其是那些坐在栈桥附近的观众。

（2）改为"因地制宜"的回字型舞台。现代剧院舞台追求创新与变革，其中"因地制宜"的回字型舞台作为一个新颖的尝试，更加注重与观众的互动性。通过利用观众席位间的走道，将原有的镜框式舞台改建成回字型，能够为演出带来更多的变化和可能性。

在采用回字型舞台编排进行设计时，设计者需要重新考虑很多传统的规则。特别是舞台与观众的距离缩短，使得每一个细节都成为焦点。因此，舞台上的每一个元素，从服装、道具到灯光、背景，都需要精心设计与布置。安全是回字型舞台上最为关键的因素。观众席位间的走道、舞台台阶、剧场过道的坡度等都可能成为模特行走的障碍。尤其是那些体积较大、设计复杂的服装，如大拖摆礼服、带有裙撑的礼服，在编排设计中更需避免模特下台，以免发生摔倒等意外。在保证安全的情况下，可以利用剧院场地观众席位间的走道，将剧院镜框式舞台改建成回字型台。在编排设计时，采用常规的回字型舞台的编排设计手法。此种改建的优点是额外花费较少。但在演出编排设计时，要特别注意舞台台阶、剧场过道的坡度等对模特表演的影响，体积量较大的服装，如大拖摆礼服、带有裙撑的礼服等在编排设计时，尽量不要下舞台。此外，出于对模特的保护，类似泳装、内衣等覆盖身体面积较少的服装，也需有选择性地下台进行表演。

2.不改动舞台的表演编排设计

面对固定的舞台空间，尤其是在镜框式剧院舞台上，编排设计要应对长宽比例限制的挑战。单一地使用 One by one 的走台形式虽然简洁，却使整场表演显得单调乏味。因此，为了确保表演的吸引力和观众的参与度，以下几个方面应被细致地考虑并运用于编排中。

（1）按服装系列分成若干表演章节。这样的划分旨在为观众提供一个清晰、有序的视觉体验。每一套服装都是一个独特的艺术品，有其独特的设计理念和表现手法。将相似风格或主题的服装归纳在同一章节内，不仅能为观众呈现一个完整的视觉故事，还能够避免视觉上的杂乱和冲突。

（2）多种编排手法相结合。具体到每一章节的表演，在编排时选择 One by one、双人组合、多人组合表演是相当明智的决策。这样的设计不仅能满足舞台的表演空间需求，还能根据不同的节奏和情感变化进行有机调整，以达到最佳的演出效果。采用"整体展示＋多人组合展示＋双人展示＋单人展示"的编排设计方案，意味着观众将在整场演出中看到丰富的人物组合与互动，从而更好地感知作品的主题和情感深度。这种策略的优势在于其强大的节奏控制能力，可以根据剧情的发展和高潮部分进行有机切换。

为了确保演出效果和演出时间，视舞台大小，在小组展示时的多种变化组合成了一个重要的策略。双人组合中同性别组合与男女组合的不同方式提供了更多的人物关系与情感深度，从而增加了演出的艺术价值。而多人组合中的三人、四人或更多人员的组合方式，则是为了确保舞台的动态性和空间的充分利用。

（3）改变传统的线路设计方式。标准的 T 型舞台通常关注如何向前走，这种纵向的线路设计为表演者提供了深入舞台的机会，也让观众能够更好地关注表演的中心部分。但对于镜框式剧院舞台来说，这种设计方式可能不太适用。由于其结构特点，镜框式舞台的纵向深度有限，过多地强调纵向线路可能会使得舞台显得过于拥挤，影响观众的观看体验。因此，改变传统的线路设计方式成为镜框式剧院舞台编排的核心思路。在这种舞台上，重点应放在如何横向打开方面。横向的线路设计不仅可以弥补舞台纵向深度的不足，还能充分利用舞台的宽度，为表演者提供更多的展示空间。

横向打开的线路设计需要注意舞台的整体布局，确保每一个表演区域都能得到充分的利用。例如，可以将舞台划分为几个平行的区域，每个区域都有自己的主题和表演内容。这样，观众的视线可以自然地从一个区域转移到另一个区域，而不会感到突兀。同时，为了使舞台表演更加有层次感，可以在横向的线路设计中加入一些定点组合造型。这些造型可以是单人的，也可以是多人的，它们可以在舞台的某一位置长时间停留，成为观众注意的焦点。这样的设计不仅可以增强表演的视觉效果，还能为表演者提供更多的展示机会，如图 6-15 所示。

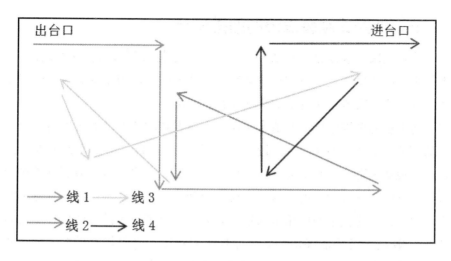

图6-15 单名模特镜框式舞台上多次展示的行进路线设计

（二）开放式剧院舞台的编排设计

开放式剧院舞台提供了一种非传统的表演体验，空旷的设计使得舞台与观众之间的距离感被打破。相对于传统的正面朝向观众的舞台，开放式的设计更多的是考虑从多个角度为观众展示表演。三面或四面向观众的舞台布局，促使表演者在舞台上的活动和交互更加多元化。这种布局不仅对表演者的表演技巧提出了更高的要求，也对导演和编导的编排设计能力提出了挑战。整场演出必须确保无论观众坐在哪里，都能获得同样出色的观赏体验。由于舞台的特殊结构，T型舞台和O型舞台的编排设计手法可供参考。在T型舞台的基础上，表演者的走位和互动会更加自由。在O型舞台上，表演者必须更加注意自己在舞台上的位置，确保每一个角度的观众都能看到完整的表演。

然而，开放式剧院舞台的一个难题在于后台与舞台之间的距离。模特在此类舞台上的表演不仅需要考虑走位、互动和展示，还必须确保在出场和退场时的流畅性，因此间隔的控制成了一个关键问题。长时间的等待或过于密集的出场都可能影响整体的观赏效果。

三、情景式服装表演的编排设计

情景式服装表演是当今表演艺术中一种独特且越来越受欢迎的形式。不同于传统的模特走台，它更多地突出了情境的再现和模特的角色扮演技巧，从而赋予服装表演更多的戏剧性和艺术性。

利用场地来构建特定的情境是这种表演方式的关键。不再单纯依赖台上的灯光和背景，而是需要通过详细而精致的布景、舞台装置艺术等元素，为观众创造一个真实而具体的场景。例如，若要展示海滩度假风格的服装，可能会在舞台上设置沙滩、椰子树和遮阳伞，使观众仿佛置身于海边。同时，现代技术的应用也为情景式表演提供了更多的可能性。多媒体技术、3D技术等都能够使场景更加真实和立体，为服装增添更丰富的视觉效果。通过声光技术，如播放海浪声或温馨的背景音乐，进一步增强了观众的沉浸感。但仅仅再现场景还不足以称之为情景式表演，关键在于模特的角色扮演。模特不再仅仅是展示服装的"衣架"，而是需要通过具体的动作、表情和身体语言，将自己融入那个特定的场景中，成为其中的一个角色。例如，在上述的海滩场景中，模特可能会扮演一个正在享受假期的游客，或是一个正在沙滩上玩耍的孩子。这种角色扮演技巧需要模特有一定的演技基础，同时也需要导演和策划者有创意与前瞻性的思维。值得注意的是，情景式服装表演并不局限于某种固定的舞台形式。无论是户外还是室内，大型还是小型，甚至是非传统的舞台，都可以进行情景式表演。关键在于如何巧妙地利用所在的场地，创造出有深度和情感的场景。

为模特赋予"角色身份"是情景式服装表演的核心。这意味着模特不仅需要展示服装，还需要将自己融入一个特定的角色中，成为演出的一部分。这种角色身份赋予可以通过事先设计的戏剧化的表演方式来实现。由于情景式服装表演不依赖语言来传达情感和故事，现场的氛围和道具的使用就显得尤为重要。模特的表情和肢体动作在情景式服装表演中也起到了关键的作用。因为没有语言的辅助，模特需要通过表情和肢体来传达角色的情感和故事。这就要求模特的表演要略微放大和夸张，以便于观众能够更好地捕捉到角色的情感。在行进和定点造型时，模特还需要采用一些常规的表演手法来展示服装。例如，One by one、双人组合和多人组合都是常见的编排手法。这些手法不仅可以展现服装的美感，还可以通过模特之间的互动和组合，展现出服装之间的和谐与冲突。

配备剧本在情景式服装表演中起到了决定性的作用。每一个剧本不仅为观众描绘出清晰的故事线索，还为模特提供了明确的角色定位。此外，剧本也成为编排设计的核心，因为它指导整场演出的节奏、情境转换和角色互动。模特在表演中不仅要展示服装的特点，更要完成角色的塑造，让观众看到服装在实际生活中的应用和表达。以2015年在上海举办的世界移动大会"科技无极限风尚秀"为例，这一表演成功地将情景式的编排方式与服装表演融合在一起，打破了传统的展示模式。它的主题"时尚与科技的融合"非常具有时代感，反映了现代人对于科技与生活融合的追求。整场演出以"一位在时尚行业工作的年轻女性的未来一天"为故事线索，将服装、电子科技产品和现代生活方式完美地融合在一起。这种融合不仅在产品上，更在故事情境中。通过四个不同的情景桥段，演出成功地呈现了该年轻女性如何在高科技的环境中，通过时尚的服装和科技产品，展现自己的生活态度和审美追求。

情景式的编排方式为表演增添了丰富的情感层次和视觉冲击力，使观众在欣赏服装的同时，也能感受到故事的情感和主题。每一个情景都与观众的生活息息相关，使人们能够更容易地与之产生共鸣，进一步拉近了观众与舞台之间的距离。

四、场景式服装表演的编排设计

场景式服装表演，为观众呈现了一个超越传统舞台背景的全新视觉体验。采用标志性建筑物、旅游景点作为演出背景，不仅提供了一个宏大的视觉舞台，还为服装增添了深厚的文化底蕴和故事背景。

（一）室内场景式服装表演

室内场景式服装表演是一种将时尚与戏剧结合的独特展现形式。它的目的是在特定的室内环境中，通过场景的改造和服装的展示，为观众提供一种深入的时尚体验。这种表演方式要求高度的创意和对细节的精细处理，以确保每一个元素都能为表演增色添彩。

通常来说，场景改造是室内场景式服装表演的关键。对背景的场景改造是最为常见的方式。它主要涉及对舞台背景的设计和装饰，如使用布景、灯光和道具等，为服装创造一个与之相符的环境。这种方式的优点是能够快速地为服装提供一个特定的背景，而不需要对整个场地进行大的改动。而对整体场地环境的改造则更为复杂，但也更为吸引人。它涉及对整个表演空间的设计和装饰，包括地面、墙壁、天花板和其他相关元素。这样，整个空间都会成为表演的一部分，为观众提供一个全方位的体验。无论选择哪种场景改造方式，都需要确保舞台的规整设计。规整的舞台可以确保表演的流畅进行，也能为模特和服装提供一个合适的展示平台。舞台的设计应考虑到服装的特点和需要，以及模特的行走路线和动作。One by one 的编排方式常用于室内场景式服装表演。这种编排方式意味着模特逐一亮相，每一位模特都能得到足够的时间和空间来展示自己的服装。这样的编排方式既能确保每套服装都得到充分的展示，又能使观众更容易关注和记忆。

（二）室内标志性建筑前的场景式服装表演

场景式服装表演选择特定的地标或旅游景点作为演出背景，为整个表演注入深厚的文化气息和历史底蕴，使其独树一帜。这种方式在提升品牌形象、吸引媒体关注和打造时尚事件上都有显著效果。

标志性建筑物不仅是城市的象征，同时也是文化和历史的见证。在如此独特的场所进行服装表演，就意味着要在保留其原有特色的同时，将服装融入其中，创造出既有历史感又富有现代风格的演出。临时搭建的室内场馆，可以根据具体的演出内容进行设计，灵活性高。而对于舞台的编排设计，往往会选择简约而不简单的方式。One by one 编排方式简洁明了，能够让每一款服装都得到充分展现，也方便观众对每一款服装进行细致的观察。

克里斯汀·迪奥 2016 春夏发布的选择，法国卢浮宫，一个充满艺术氛围和历史韵味的地方，作为背景是非常明智的选择。在卢浮宫广场上搭建的蓝色飞燕草大花园，仿佛是从天而降的神奇花园，为整个演出增添了几分浪漫与神秘。花墙作为背景，仿佛是大自然与人造景物之间的完美结合，使每一款服装都仿佛在花海中起舞。而舞台设计，也是对传统舞台形式的一次突破，它更加注重与观众的互动，使整个表演更加立体和真实。利用观众座位席的通道作为舞台，这种设计既可以节约空间，也可以增强模特与观众的互动，使观众更加身临其境。而三个回字型台的组合形式，则更加强调了整个演出的立体感和空间感。走秀和谢幕的两条不同行进线路，也是对传统表演形式的一次创新。它不仅可以避免混乱，同时也可以增加观众的观赏乐趣，如图 6-16 所示。

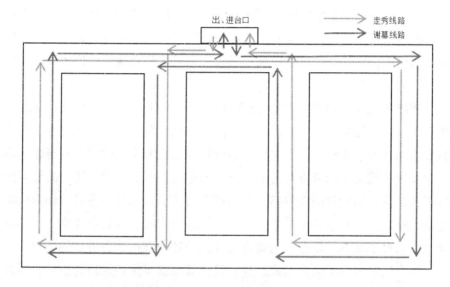

图 6-16　走秀与谢幕线路设计

（三）室外标志性建筑前的场景式服装表演

场景式服装表演以其独特性和即兴性受到许多观众的喜爱。在标志性建筑物或旅游景点前进行的室外表演，更是充满了新鲜感和惊喜。这类表演将设计、模特、文化和历史完美结合，能够为观众带来了与众不同的视觉体验。

选用标志性建筑物或旅游景点作为演出背景，是因为它们本身就带有丰富的文化和历史内涵。这些地方常常与城市或地区的特色紧密相连，成为当地的象征。在这样的背景下进行服装表演，无疑会为服装增添更多的故事性和深度，使整场表演更加丰富多彩。在此类室外场地进行表演，通常不需要额外搭建临时场馆。简单的舞台搭建或者直接利用观众通道形成的"无台化"设计就足够了。这样的设计方式不仅节省了成本，而且更能凸显出场地的独特性。在如此开阔的场地中，表演更为自由，模特可以更好地展现自己的风采。由于选用的场地本身就较为壮观，舞台也相对较大，在进行表演编排设计时，应考虑到场地的特点，避免设计过于复杂。One by one 的编排方式成了一个理想的选择，它能确保每一位模特都能进行充分的展现，同时也能使观众对每一套服装都有充分的观赏时间。虽然One by one 是一个常用的编排方式，但也可以根据舞台的具体形式，进行一些行进线路上的调整和创新。比如，模特可以沿着特定的路径或标志性建筑物行走，这样既能更好地展示服装，也能让观众更深入地体验场地的魅力。

浙江温州女装品牌雪歌 2015 冬季发布会，便是场景式服装表演的经典例子。位于华夏文明的发源地古都西安，该发布会选取了历史悠久的古城墙作为背景，不仅赋予了时装表演浓厚的历史和文化内涵，同时也表达了对我国传统文化的尊重与传承。选址的重要性不容小觑，特定的地点能够增强整体表演的氛围和情感，使得整个表演引人入胜。古城墙作为丝绸之路的标志，更是致敬了中华五千多年的辉煌文明，为观众提供了一场穿越时空的视觉盛宴。发布会的舞台设计，巧妙地利用了古城墙的特色，形成了两个回字型台的组合形式。这种设计既保证了模特的行进空间，同时也确保了观众能从多个角度欣赏到模特所展示的服装。而城墙门作为进出台口，无疑为模特的出场和退场提供了绝佳的自然背景。在表演编排上，采取了两条行进线路，使得模特的行进与造型展示更为流畅。One by one 的编排方式，不仅增加了表演的节奏感，还确保了每位模特都能得到充足的展示时间。当模特从出台口走至前台，统一的行进路线保证了整齐的队形；而完成定点造型后，模特则按奇偶数左右线路返回，增加了表演的变化和视觉冲击力。令人印象深刻的是，开场模特由身穿盔甲的"兵将"列队护送出场。这不仅增强了古城墙的历史氛围，还为整场表演添加了戏剧性的元素。而谢幕时，巧妙地利用了城墙的楼梯，模特在楼梯上进行静态造型布点，使得整个场面显得宏大而壮观。

第三节　时尚赛事的表演编排设计

一、模特大赛的表演编排设计

在模特大赛中，所选用的服装并不仅仅是为了装饰，更多的是为了配合模特的表演技巧，检验模特如何处理各种风格的服装，如何根据服装的特点调整自己的走秀技巧，以及如何展现出服装的最佳效果。这也是衡量一个模特技术水平的重要方面。对于大赛的比赛环节，通常分为活力装比赛、泳装比赛、休闲装比赛和晚装比赛。这四个环节覆盖了模特在不同场合下的表演技能和风格。

（一）活力装环节

在时尚赛事中，活力装环节常常作为比赛的开篇大幕。作为首个展示环节，活力装不仅为了活跃现场气氛，更要给观众和评委留下一个鲜明且深刻的第一印象。成功的开场将为模特树立信心，也为后续的比赛环节打下坚实的基础。

踩着有活力、动感的步伐进行集体亮相是常见的编排设计方法。这样的亮相既展现了年轻人的青春与朝气，同时也使观众和评委在短时间内对所有参赛模特有了初步了解。这种方式既可使现场气氛变得热闹起来，也有助于建立与观众的初次情感联系。紧接着，将模特分组展示则是考虑到评委需要在众多选手中迅速筛选出有潜力的参赛者。分组展示不仅能让每一位模特得到更多的个人展示时间，还可以避免现场过于混乱。这种编排方式有助于评委集中注意力，更精准地对每位模特进行评价。

活力装的退场编排也是经过精心设计的。当每一组表演结束后，模特返回底台并在台阶上定点组合造型。这种方式能确保每位模特在退场前都能得到一个展示的机会，同时也避免了舞台上的混乱。直至最后一组表演结束，所有的模特将在主舞台上会合成一个整齐的方阵，再统一向前走到舞台中央。此时，所有模特一起摆好结束造型，为这个环节画上完美的句号。需要注意的是，整个活力装环节都要求模特的步伐轻松愉悦，展现出年轻和活力。无论是进场、展示还是退场，都需要确保每一个动作都充满活力，与活力装的主题相呼应。

（二）泳装环节

泳装环节最为注重的是模特的身材比例与肤质。不同于其他环节，此处更加强调模特的上下身比例、大小腿比例、腿型、三围大小、体形、手长，以及皮肤的细腻度，甚至连关节的美观度也被纳入评判的标准中。这无疑为参赛模特带来了极大的挑战，但也为观众呈现了一场视觉盛宴。

对于编排设计方法，通常采用以下 3 种表演编排方式。

1.第一种编排设计方案

全体模特逐个从舞台的上场门出场，这种逐个出场的方式能确保观众和评审对每位模特都能有足够的注意力和评价时间。或者从上场门和下场门交叉出场，这是对传统单一出场方式的突破，它既能展现模特的风采，又能给予观众视觉上的新鲜感，提高整场比赛的观赏性。

底台布局造型是此次编排的亮点，它强调的是在模特进行造型展示时，底台上的模特要保持一定的空间距离，以确保每位模特都能得到足够的展示空间。同时，也强调了底台布局的平衡，使得整个舞台不会显得过于拥挤或空旷，给观众带来舒适的观赏体验。紧接着，模特将按照选手号码由小到大的次序进行单个展示表演。这种按号码次序的展示，能确保比赛的公平性，每位模特都在相同的条件下进行展示，同时也方便评审按照号码进行打分和评价。在这个环节，模特的走台步伐、动作、眼神以及与观众的互动等都将成为评判的标准，每一步都要经过精心的设计和排练。当模特完成展示后，她们会直接退场进入后台，开始为下一环节的比赛进行准备。这种迅速退场的方式不仅能确保整场比赛的流畅性，还能为后续的模特提供充足的展示时间。

2.第二种编排设计方案

对全体模特进行分组，每组 8 ～ 10 名模特。选择这个人数区间的主要原因是它既不会显得人数过多，导致观众难以集中注意力，也不会显得人数过少，使舞台显得空荡荡的。按小组整体出场的方式，不仅给观众带来了不同的视觉体验，也在一定程度上增加了表演的节奏感和张力。模特在后台形成大组造型，这样的编排使得舞台上的每一个动作、每一个转身都充满了艺术性，充分展现了模特的团队合作精神。接下来，模特再按照选手号码由小到大逐个进行展示表演。这样的编排既确保了观众能够清楚地看到每位模特的表现，也使得评委能够更加准确地对每位模特进行评分。逐个展示的形式还为每位模特提供了展现自己的机会，确保了每位选手都能得到公平的评价。表演结束后，模特直接退场，进入后台准备下一环节的比赛。这种快速退场的方式不仅提高了整体表演的效率，还保证了舞台的流畅性和观众的观赏体验。当所有小组都结束自己的表演，此环节也随之结束。

3.第三种编排设计方案

在这一设计方案中，模特被分成小组，每组由 8～10 名模特构成。这种分组设计旨在更好地展示每位模特的个体特点，同时也是为了确保舞台的空间利用得当，避免拥挤。每组中的模特按照编号的顺序逐一出场，展示各自的泳装造型。编号的顺序不仅有助于维持赛事的秩序，还方便评审员和观众对模特的评价。模特完成展示后，不立即退场，而是回到底台进行静态造型。这一环节的目的在于让观众和评审员有更多的时间观察和评估模特的泳装造型。等到小组内所有模特都完成展示并回到底台后，会集体形成一个整体造型。最后，小组集体有序退场，为下一组模特的展示腾出舞台。

（三）休闲装环节

休闲装环节旨在展现模特对成衣表演的熟练程度，同时也为评委与观众呈现模特穿着成衣的上身效果。大赛组委会所提供的服装通常分为成衣类与设计师品牌。当服装有系列分组时，可以考虑让 2～3 个模特同时进行亮相表演，展现该系列服装的多样性。此外，通过多人同时走台的方式，可以强调服装系列的统一性和连贯性。但大部分情况下，选手仍然以 One by one 的方式走台亮相。这种方式更能让评委与观众专注于一个模特，对其技能与成衣的上身效果进行全面评估。每一位模特都是独特的，One by one 的方式能确保每位模特都有足够的展示时间，并能够与评委和观众建立起一种近距离的联系。

（四）晚装环节

晚装环节作为模特大赛的尾声，无疑承载着最高的期望与瞩目。这不仅是一个展示华丽礼服的时刻，更是对模特各项技能的终极检验。正因如此，晚装环节在比赛过程中有着不可或缺的地位。这个环节强调模特与慢节奏音乐的和谐共鸣，要求模特在行走中展现出绝佳的控制力，更是对模特穿着长礼服表演技巧的考查。在这一时刻，每一步、每一个姿势都应当是稳重中带着优雅，表达着一种与生俱来的端庄。

在编排设计上，晚装环节通常采用单人 One by one 形式进行表演。这样的方式确保了每一位模特都有独特的展示时刻，能够吸引全场目光。而面带微笑的登台方式，则传达出一种自信与温柔并存的氛围，使观众更为投入。但真正的挑战在于晚装环节结束后的集体造型布台。这个时刻要求模特展现出团队合作的能力和对舞台空间的把控。为确保舞台效果和视觉冲击力，模特在布台时应当注意保持平衡。这意味着，布台时的站位不应简单按照出场顺序排列，而是要根据舞台大小和形状进行有序的分配。保持模特的间距也是关键，既不能相距太近造成拥挤，也不能相距太远使舞台显得空旷。恰到好处的距离，将确保每位模特都有属于自己的空间，同时整体呈现出和谐统一的效果。随着所有模特逐一完成布台，定好造型，晚装环节也宣告完毕。

二、服装大赛的表演编排设计

服装设计大赛的演出编排设计需要与众不同。服装作为表演的中心，每一套都承载着设计师的灵感与智慧，每一细节都是对时尚观念的解读。因此，编排设计上的要求是：每一套服装都得到充分展现，每一刹那的光影都要衬托出衣物的特点。

（一）按比赛抽签号进行走台的编排设计

在服装设计大赛中，走台的出场顺序往往是通过抽签号码确定。这种方式，不仅为整个比赛过程带来公正性，也赋予了表演一个固定的流程和预测性。一旦这种方式确定，编排的主要任务便是针对每一组参赛的服装系列进行设计。

由于参赛作品的数量和风格各异，编排的主体结构通常采取几种固定的走台组合方案，如4人组、5人组或6人组。这种方法的好处是可以保证参赛作品在表演中能够有规律地展示，确保每个作品都得到适当的关注。例如，某个品牌的系列可能只有四套服装，而另一个品牌可能有六套服装。在这种情况下，可以在不同的时间段中穿插使用这些固定的走台组合，确保每个系列的作品都能得到公平的展示机会。尽管这种编排方式在流程上相对简单和固定，但在实际操作中仍然需要注意一些细节。特别是在确保作品整体效果的同时，每一套服装款式的清晰展示也非常关键。毕竟，评审的目标是根据每一套服装的设计、制作和整体效果进行评分，如果在走台表演中没有足够的时间或适当的角度展示每一套服装，那么评审可能会错过一些重要的细节。

此外，确保评委有足够的时间评判每一套作品也是关键。编排时必须考虑到这一点，确保每个模特在舞台上的停留时间既不过长也不过短，给评审一个全面审视的机会。

（二）以展示作品为主要目的编排设计

在开场编排设计中可以按照参赛作品风格分小组进行编排，这种方式的优势在于能够将相似风格的作品集中展现，为观众带来统一而清晰的视觉体验。模特有序地站在T台上，组成一个大造型，这样的设计既能体现每个参赛作品的特色，同时也使得整体效果更为和谐。为了让观众更加集中注意力，可以设置一个静态展示的过程。这样的设计不仅能够让观众更加深入地了解每一个作品的细节，也为后续的动态展示做好铺垫。当音乐的重拍响起时，模特M和模特N的一组从中间开始，分左右向前走进行展示，形成了动态与静态的完美结合。舞台的多样性也是这次编排的亮点之一。一些模特在舞台左侧进行组合造型，一些则在右侧形成竖排，使得整个舞台效果丰富而多变。而模特A、模特B、模特C和模特D的组合，使得退场成为另一场视觉盛宴。特别是舞台设计在T台左前方设置了楼梯台阶，当模特走到舞台最前方时，可直接通过台阶下场，这样的设计不仅流畅自然，还增加了表演的戏剧性，如图6-17所示。这样的开场编排设计，不仅具有气势，更能确保每一位模特都有足够的时间和空间进行展示，充分展现每一件参赛作品的特色和魅力。整场表演形式新颖独特，完美融合了设计、音乐、舞美等元素，为观众带来了视觉和听觉的双重享受。

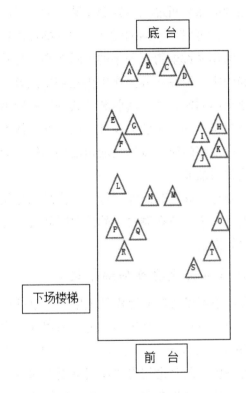

图 6-17　开场编排设计

开场结束之际，紧接而来的环节便是根据抽签确定的顺序，对设计师作品进行整体展示。编排设计中，采取了按组别的方式出场。设计这种方式的出发点是确保观众能够清晰地看到每位模特身上的服装。例如，当第一个模特选择走中线时，紧随其后的模特会选择走边线，确保不会挡住后方模特的视线。相反，如果第一个模特走边线，随后的模特则会选择走中线。关键在于，出场的节奏必须保持紧凑，以便评委能够对参赛服装进行完整的视觉辨别。这种编排设计目的明确：确保该系列服装能够在舞台上进行整体性展示。这样的编排不仅保证每件服装都得到充分展示，而且使整场表演更为流畅。

为了丰富比赛的表现形式，也需要在编排设计中加入一些变化。例如，一组模特是按照先后顺序逐一出场，为了区分下一个设计师的作品系列，下一组的模特可以选择同时在底台亮相，形成一种组合造型，然后一同向舞台前方行进。这种变化不仅为观众带来新鲜感，同时也能够使比赛更具观赏性，如图 6-18 所示。

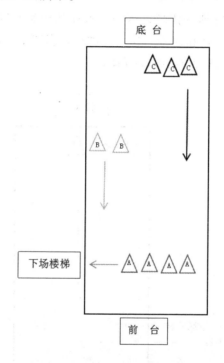

图 6-18　比赛过程编排设计

赛事结尾部分的走台编排设计考虑了如何使观众对每个服装都能有充分的观赏时间。模特按顺序逐个出场，走在舞台的中线上。当模特走到前台时，选择沿着舞台的边线返回，找到自己的定位点，然后在 T 台上进行均匀布位。这种布位方式让每位模特都得到了展示的机会，使观众可以详细地欣赏每一件服装的细节。为了与服装的风格更加协调，所有的模特采用双脚打开的站姿，这种站姿看起来既帅气又整齐。等到所有模特都完成自己的站位后，舞台光线被收起，然后模特的定位点位上出现追光，每两位模特作为一组进行照射。这种追光的效果，使得整个舞台显得神秘而高级，为表演添加了浓厚的艺术氛围。随后，整个系列的收场环节进行特别的设计。模特从舞台的最前方开始，向中间移动，并拢合成两路纵队，最后在舞台的中线并列成一队，然后整齐地退出舞台。这种编排方式既保证了观众可以再次欣赏到所有服装，又使得表演的结尾显得有序而大气。而当赛事结束，主持人宣布获奖选手时，获奖的设计师会带着模特上台。模特身着的就是获奖的那件作品，这种方式让观众能够再次看到获奖作品，加深了印象。当设计师和模特一起上台进行合影留念，就为这场盛大的时装大赛画上完美的句号，如图 6-19 所示。

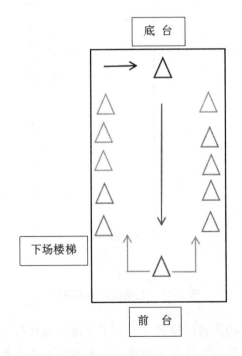

图 6-19　比赛结束编排设计

第七章 服装表演的传播与公关

第一节 服装表演传播的审视

服装表演不仅仅是一场视觉盛宴，更是一场精心策划的公关活动和传播战役。其中的每一个细节，无论是明显的还是隐藏的，都是为了传达某种信息、某种理念或某种风格。这些信息和理念通过各种渠道传递给观众，从而影响他们的观点和决策。

一、传播推广是服装表演的终极目的

传播推广，作为服装表演的终极目的，始终贯穿于整个行业的发展中。服装表演，这一领域内的类型和表现手段之丰富，令人瞩目。有的展现前卫的概念性设计，挑战传统审美；有的则展示实穿的当季服装，满足消费者的实际需求。而在艺术创意型的表演中，服装成为艺术家表达的工具，成为一种符号，传达深层的意义。

每场服装表演，无论形式如何，都围绕着传播和推广这一核心目的而展开。这一目的可以从 3 个维度来划分和理解。

（一）按性质来划分

根据演出的性质，服装表演的传播可以明确地分为两大类：商业性传播和非商业性传播。

1. 商业性传播

商业性传播的核心在于市场和商业价值。这类传播的发起人通常是企

业、品牌、设计师或商家。他们的目标是传播商业信息，塑造品牌形象，并在市场中占据一席之地。通过服装表演，他们希望观众能够更好地了解和认识他们的产品或设计，从而帮助他们在市场上获得更好的位置。这种传播方式的最终目标是实现市场效果，即通过传播活动带来的市场回报和利润。

2.非商业性传播

与商业性传播相对的是非商业性传播。这类传播的背后通常是艺术家、政府相关部门、各类协会或院校。他们的目的并不完全是为了商业利益，而是为了展示设计作品、传播文化观念或增进文化交流。例如，一个艺术家可能会通过服装表演来展示其对于某一文化或历史的理解和诠释；一个政府部门可能会通过这样的活动来推广某一地区或国家的传统文化和服饰。这类传播的最终目标是提升传播者的影响力，使其在文化、艺术或教育领域中获得更高的认知度和声誉。

（二）按内容来划分

按照展示内容，服装表演可以明确地分为两大类，即作品展示型和观念传播型。

1.作品展示型

作品展示型的服装表演，主要是为了展示服装作品。这类表演务实，注重细节，旨在让观众一目了然地看到服装的各个方面，如造型、款式、色彩和面料。在这类表演中，观众可以清晰地看到每一件服装的特点，从而更好地理解设计师的创意和品牌的特色。常见的场合如订货会、促销活动和打分秀／比赛等，都是这类表演的典型代表。这类演出所展示的服装，大多与当前的流行趋势息息相关，且大部分服装都具备实穿性，可以满足消费者的日常需求。

2.观念传播型

观念传播型的服装表演，则更加注重思想的传达和文化的交流。与作品展示型不同，这类表演并不完全追求服装的实用性，而是更多地通过服装作品来传达某种理念、价值观或文化信息。这类表演往往更加抽象，更

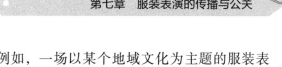

加注重情感和意境的表达。例如，一场以某个地域文化为主题的服装表演，会通过服装的设计、色彩和面料来传达那个地域的历史、风俗和信仰。这类演出与流行趋势的关系可能并不紧密，但与地域文化的关系则更为深厚。因此，观众在观看这类表演时，不仅可以欣赏到美丽的服装，还可以深入了解到背后的文化和历史。

（三）按效果来划分

从效果上看，服装表演的传播可以分为 3 个层次，即认知层次、情感体验层次和行为层次。每个层次都有其独特的目的和方式，但都是为了更好地传达品牌或设计师的信息和价值。

1.认知层次

认知层次是最基础的层次，主要目的是让消费者对品牌或产品有一个初步的了解。在这个层次上，服装表演主要是为了传递信息，如新品发布、新店开张等。这些演出的目的是让消费者知道品牌或产品的存在，以及它们的特点和优势。例如，品牌巡演就是为了扩大品牌的知名度，让更多的人知道并了解这个品牌。

2.情感体验层次

情感体验层次则更加深入，它主要是为了提高消费者对品牌或设计师的喜爱度和偏好度。在这个层次上，服装表演更多的是为了展现品牌或设计师的风格、理念和价值观。例如，品牌或设计师发布会就是为了展现设计师对流行趋势的理解，展示品牌文化，以及设计师的实力和才华。另外，奢侈品领域的 VIP 客户演出专场或客户答谢会也是这个层次的典型代表，主要是为了强化品牌或设计师在消费者心目中的地位，提高消费者的忠诚度。

3.行为层次

行为层次则是最为实际的层次，它主要是为了促进消费者的购买行为。在这个层次上，服装表演主要是为了激发消费者的购买欲望，如订货会时装表演、店内的促销型时装表演等。这些演出的目的是让消费者有更强烈的购买意愿，从而提高品牌或产品的销售额。

二、传播推广是服装表演的本质属性

服装表演不仅仅是一个展示的平台，更是一个传播的平台。它既有明确的主体，也有明确的目的，那就是为了传递某种信息，为了进行某种交流。而这种交流，正是服装表演的本质属性，也是其真正的价值所在。

（一）服装表演有明确的主体

1.模特是表演型传播者

模特不仅仅是一个简单的展示者，更是一个充满活力、有主观能动性的时尚传播者。模特不只是在 T 台上走，更是在传递一种信息、一种态度、一种风格。通过造型与妆容、目光与面部表情、身体运动与姿势等肢体语言，服装信息得以编码，从而确立服装的定位与基调。这种编码并不是随意的，它需要模特深入地理解服装的设计理念，将这种理念通过自己的身体语言传达出去。这种传达不仅仅是为了展示服装的美观，更是为了赋予服装一个灵动鲜活的形象。这种形象不仅仅是外在的，更是内在的，它代表了设计师的创意、品牌的理念，甚至是整个时尚界的趋势。当模特将这种形象展现出来时，观众不仅仅是看到了一件美丽的服装，更是看到了一个完整的故事、一个深入的理念。这种理念可以是对时尚的追求，可以是对生活的态度，也可以是对未来的展望。无论是哪一种，它都能够深深地打动观众的心，让他们对服装、设计师、品牌加深理解并产生好感。这种理解与好感并不是短暂的，它会随着时间的推移而深化，成为观众对时尚的一种追求、一种信仰。这种追求与信仰不仅仅是对服装的喜爱，更是对整个时尚界的尊重与支持。这种尊重与支持，正是每一个设计师、每一个品牌，甚至是整个时尚界所追求的。

2.编导是创作型传播者

服装表演，不同于日常的服装展示，它融合了多种艺术元素，为观众提供了一个全新的视觉和听觉体验。舞台设计、音乐编排、灯光控制等都是为了更好地展示服装，使其在舞台上焕发出独特的魅力。而这一切，都离不开编导的巧妙设计和策划。

编导在服装表演中，起到了至关重要的作用。他们不仅仅是将服装展

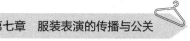

示给观众，更是通过各种手段和元素，对服装信息进行编码，使其成为一种艺术。模特在舞台上的每一个动作、每一个表情都是编导精心设计的，旨在更好地展示服装的特点和魅力。模特，作为服装的直接展示者，无疑对观众的认知和态度产生了直接的影响。模特通过自己的身体，将服装的特点和魅力完美地展现出来，使观众能够更加直观地感受到服装的美感。而编导则是背后的推手，他们决定了整场服装表演的效果，使其成为一场视觉盛宴。

3.发起人/出资方是责任型传播者

发起人或出资方是服装表演活动真正意义上的主体，因为他们拥有服装表演的决定权和控制权。他们为服装表演活动设定传播目标，提供演出所需的材料，承担演出的费用，选择编导乃至模特，确定服装表演的主题、基调、场地和观众。他们承担服装表演的结果与责任。

服装表演是一种有意图的传播活动，是为了帮助发起人实现自身的目标。这些目标可能是塑造品牌、增加实际销售或促进文化交流。因此，发起人或出资方是服装表演活动的核心。他们不仅仅是提供资金，更是为了实现自己的目标而发起这样的活动。在服装表演的策划、组织和实施过程中，编导和模特作为主创人员，都是服务于发起人或出资方的。这并不意味着他们的角色不重要，而是说他们的工作是为了满足发起人或出资方的需求和目标。这与表演的商业性和非商业性无关。即使是文化交流或服装模特作品汇报这类非商业性的服装表演活动，其主体依然是发起人，而不是编导或模特。从这点来看，服装表演不是自娱自乐的，它是有目的性的。它要根据活动主体的意图和要求进行设计和演出。这种设计和演出是有目的的，是为了实现某种目标。这种目标可能是商业的，也可能是非商业的。但无论如何，它都是为了满足发起人或出资方的需求和目标。

（二）服装表演有既定的表达主题

服装表演，往往有着既定的表达主题。不同于其他形式的演出，它不是纯粹的艺术创作，而是一种二次创作。这意味着表演的核心不是演员或者表演者，而是设计师的作品。这些作品，是设计师倾注心血创作出来的，它们有着自己的灵魂和故事。因此，表演者的任务就是要将这些故事和灵魂，通过自己的表演，传达给观众。这样的传达，不能是无的放矢的，不能仅仅依靠表演者的个人情感和理解，而是要深入设计作品的每一个细节中去。要了解设计作品背后的灵感来源，要理解它的主题风格，要掌握它的设计思路，要深入其作品内涵，要感受它的情感脉络。只有这样，才能确保表演与设计作品之间的完美结合，才能确保表演真正地传达设计作品的精髓。而这样的传达，是为了一个更大的目的，那就是传播推广。在当今这个信息爆炸的时代，如何让自己的作品在众多的信息中脱颖而出，如何让更多的人了解和欣赏自己的作品，成为每一个设计师和表演者都要面对的问题。而服装表演，正是解决这个问题的一个非常有效的手段。通过精彩的表演，可以让观众更加深入地理解和欣赏设计作品，从而达到传播推广的效果。

（三）服装表演是一项有计划的传播推广活动

无论是商业还是非商业的服装表演，其背后都有明确的市场推广目标。企业在进行服装表演时，往往会从市场推广预算中为此划拨一定的费用。而对于非商业性的演出，费用的来源也是发起人所关心的，因为这关乎投入与产出的平衡。所以，服装表演并不是简单的走秀活动，而是一项有计划、有策略的传播推广活动。为了确保演出的成功，通常会在前期召开多场策划沟通会议。这些会议涉及演出的各个方面，包括演出的定位、观众的构成、与媒体的沟通合作，以及场地的选择、舞台的设计和灯光效果的制定。此外，还会讨论表演的形式、演出的流程、开场视频的制作，以及嘉宾的邀请、请柬的发放和宣传物料的制作等。可以说，这是一个涉及各个环节、事无巨细的策划过程。但是，策划只是第一步。在实际的执行过程中，还会遇到各种意料之外的问题。这些问题可能涉及场地的选择、灯光工程的施工、设备的调运、供电问题，以及现场的接待、安保、座位的排列、时间的控制和摄像机的位置等。每一个环节都可能出现问题，而解决这些问题需要团队的协作和高效的沟通。

服装表演的成功，并不仅仅取决于演出的内容和形式，更多的是取决于背后的策划和执行。这是一个将各种因素按照逻辑顺序组织起来，不断解决问题，最终实现传播推广目的的过程。每一个环节，每一个细节，都可能影响到演出的效果和观众的反馈。

三、传播推广是服装表演行业发展的内在需求

传播推广作为服装表演行业发展的内在需求，始终贯穿于这一行业的历史长河中。回溯到服装表演的起源，它并非起初就是一种专业的展示形式，而是源于真人试穿和展示的简单行为。这种行为，最初仅仅是一种偶然的推销手段，目的明确，即展示服装的风采，以此吸引顾客下单购买。设计师查尔斯·沃斯及其夫人玛丽在这一领域中起到了开创性的作用。他们不仅仅满足于传统的静态展示，而是大胆创新，采用了动态展示的形式。这种形式更能够真实、生动地展现服装的风格和特点，使得顾客能够更为直观地感受到服装的魅力。玛丽，作为这种新型展示形式的参与者，也因此被誉为第一个服装模特。

从沃斯到如今的纽约、巴黎、米兰和伦敦，四大国际时装周每年都为观众带来两季、近十场高水平的服装发布会。而在全球范围内，百余个大大小小的时装周更是展示了数千场具有不同特色和规格级别的服装秀。这些展示不仅仅是一场场简单的表演，而是经过一百多年的发展，已经成为国际时装体系中不可或缺的一种传播和推广方式。每当这些活动举行时，都会吸引众多媒体前来报道。不同的媒介形式，如电视、网络、杂志等，都在努力将服装秀的信息传递到世界各地。这种广泛的传播不仅提高了品牌的知名度，还为设计师提供了一个展示才华的平台，使他们的作品能够被更多的人所欣赏。时装周和发布会的成功，与其背后的传播策略密不可分。为了确保信息能够迅速、准确地传达给目标受众，组织者和品牌都投入了大量的资源和精力。从选址、布景、模特选拔到后期的宣传推广，每一个环节都经过了精心的策划和执行。这种专业性和高效性，使得每一场服装秀都能够达到预期的传播效果，为品牌和设计师带来了实实在在的商业价值。

从整体角度分析，一方面，服装表演活动的广泛传播是为了其影响力得以最大化。每一场服装表演，每一个细微的动作，每一件展示的服装，都希望能够引起公众的关注和讨论，从而实现活动的影响最大化。这种影响不仅仅是在短时间内的热议，更是对长远的时尚趋势和文化的塑造。另

一方面，传播推广对于时尚产业的发展起到了推动作用。时尚产业的发展与服装表演的需求是相辅相成的。只有当时尚产业得到了良好的发展，服装表演的需求才会增加。反之，服装表演的成功也会进一步推动时尚产业的繁荣。这种相互促进的关系，使得传播推广成为连接两者的桥梁。职业模特的出现和发展也是传播推广的一个明显成果。在过去，职业模特可能并不被大众所熟知。但随着传播推广的力量，这一职业得到了迅速的发展和认可。模特不再仅仅是走秀的工具，而是成为时尚产业的代表和象征。模特的每一个动作，每一次亮相，都成为传播推广的焦点，从而进一步加强了传播推广在服装表演行业中的地位。可以说，传播推广不仅是服装表演的终极目的、本质属性，也是行业发展的内在需求[①]。

第二节　服装表演的传播原理

一、传播的类型

传播作为人类的基本社会行为，历经时间的沉淀，已经形成了多种类型。其中，人的自我传播、人际传播、组织传播和大众传播是最为常见的四种。

（一）人的自我传播

自我传播，简而言之，是个体的思维活动，是对信息的加工过程。这种加工过程涉及如何理解、解释和响应外部信息。在心理学领域，这部分内容经常被研究，因为它涉及人的认知、情感和行为。

在服装表演中，自我传播的重要性更为明显。一个模特在台上的每一个动作、每一个表情，都是对外部信息的反应。这些信息可能来自观众的反应、导演的指导，或者是模特自己对服装的理解。为了使表演更为完美，模特需要对这些信息进行加工，找到最佳的响应方式。同样，当面对

---

① 肖彬，张舰.服装表演概论[M].2版.北京：中国纺织出版社，2019：138.

观众的反应时，模特也需要进行自我传播。如果观众的反应是积极的，模特可能会更加自信，动作更为流畅；如果反应是消极的，模特可能需要调整自己的状态，找到问题的所在。这些都是自我传播在实际操作中的体现。此外，模特如何调整自己的状态和精神面貌，以使自身和表演时穿着的服装相契合，也是自我传播的关键。这不仅仅是一个技巧，更是一种艺术。它要求模特有足够的敏感度，能够感受到服装的每一个细节，然后将这些细节融入自己的表演。

（二）人际传播

人际传播则是两个或多个个体之间的交流和互动。这种传播方式不是为了组织的目的，而是为了满足个体之间的交流需求。在传统的观念中，人际传播在传播范围和速度上，与大众传播相比，显得不够高效。大众传播可以迅速地将信息传递给大量的人，而人际传播则受到参与者数量的限制。但是，现代信息技术的革命性进步改变了这一现状。虚拟空间的出现，使得人们不再受地理位置的限制，可以轻松地进行跨越国界的交流。例如，越洋视频聊天，使得人们可以随时随地与世界各地的朋友和家人进行面对面的交流。这种技术的进步，使得人际传播的效率得到了极大的提高，也扩大了传播范围。因此，人际传播在现代社会中，已经成为一种不可忽视的力量。它不仅仅是个体之间的交流和互动，更是一种文化和信息的传播方式。人际传播的重要性，不仅仅体现在它的传播范围和速度上，更体现在它对于个体和社会的影响。

（三）组织传播

组织传播涉及组织内部以及组织与外部的信息交流。这种交流的核心目的在于协调内部关系，提高运行效率，同时适应外部环境，满足社会需求，以实现组织的目标。

从组织传播的角度出发，服装表演可以被视为一系列的组织传播活动。这些活动不仅包括内部的交流，如策划沟通会，还涉及组织与外部的交流。这种交流最终会以演出的形式呈现给观众和媒体。服装表演的每一个环节，每一个动作，都是组织传播的一部分，都是为了实现组织的目标。值得注意的是，参与服装表演的人员可能并不总是形成一个严格的组织。很多时候，这些人员的流动性很强，如模特可能是经过面试临时招募的。但无论如何，他们都需要作为一个团队来进行合作。特别是编导策划人员，作为团队的核心成员，他们必须有明确的组织目标。只有这样，才能确保整个传播活动的顺利进行。组织传播的成功不仅仅依赖于内部的协调和沟通，还需要与外部环境进行有效的交流。这种交流可以帮助组织更好地适应环境，更好地满足社会的需求。例如，服装表演需要根据观众的喜好和市场的需求来进行调整，这就需要组织与外部进行有效的交流。

（四）大众传播

大众传播通过大众传播媒介进行的信息传播活动，具有社会化的特点。这种传播方式的特征在于传播者通常具有职业化的背景，并且能够利用技术手段，将信息进行大量和快速的复制与传播。对于服装表演，这种传播方式的重要性不言而喻。考虑到现场参与活动的人数总是有限的，要想真正产生社会影响力，就必须超越时空的限制。这就需要借助大众传播的方式，使得表演的信息能够被更多的人所知晓和关注。

维多利亚的秘密（Victoria's Secret）为此提供了一个经典的案例。这个品牌充分利用了大众传播的优势，成功地提高了其知名度和影响力。每年的维密大秀，不仅通过签约天使和模特选秀推动了整个行业的进步，还通过多种传播途径，吸引了全球的观众。2018 年，腾讯视频作为国内的官方授权机构，对维密秀的 IP 价值进行了深度挖掘。腾讯视频还与 50 多个品牌合作，涉及汽车、水晶和娱乐生活等多个领域，共同打造了一个属于维密的播出季。从这个案例中，可以看出大众传播在服装表演中的巨大潜力。它不仅可以帮助品牌提高知名度，还可以推动整个行业的发展。而且，通过与其他品牌和领域的合作，还可以创造出更多的商业价值。因此，对于服装表演来说，大众传播不仅是一个有效的传播手段，更是一个强大的商业工具。

二、服装表演与议程设置

议程设置在传播学领域中占据显著的地位，它涉及如何通过大众传媒来影响公众的关注点和讨论的焦点。这一理论的核心观点是，虽然传媒不能直接决定公众对某一事件或意见的具体看法，但可以选择性的通过提供信息和安排相关的议题，来有效引导公众的关注和讨论方向。

（一）关于议程设置

学者李普曼在《舆论学》一书中早已指出，大众传媒有能力将"外在的世界"转化为"头脑中的图画"。这意味着传媒对于信息的选择和呈现方式，可以塑造公众的认知和看待方式。这一观点为后来的议程设置理论提供了理论基础。1958 年，诺顿·朗（Norton Lang）在《美国社会学杂志》中首次提出了"议程设定"假说。这一假说进一步强调了传媒在公众议题关注中的作用。而到了 1972 年，麦库姆斯在《议程设置》一书中，更为详细地探讨了这一理论。他们认为，大众传媒对某一事件或意见的强调程度，会直接影响到受众对该事件或意见的重视程度。这也意味着，传媒在某种程度上可以左右公众的关注焦点和讨论议题①。

议程设置视为传播效果研究的关键成果。这一理论的核心思想在于，虽然传播可能无法直接改变人们的观念，却具有引导人们注意力的能力。换句话说，传播的力量并不在于直接改变人们的思考方式，而是在于决定人们关注的焦点。但如果深入探究，会发现这种吸引注意力的策略，实际上可以在某种程度上影响受众的态度。当受众对某一议题或概念产生了关注，他们可能会开始对这一议题进行深入的思考和探索，从而在不知不觉中形成与传播者意图相一致的态度。

（二）服装表演是典型的议程设置

服装表演作为一种艺术形式，不仅仅是为了展示服装的设计和风格，更是为了传达一种文化和理念。而这种传达，往往需要通过有效的传播来实现。因此，议程设置在服装表演的传播中，起到了至关重要的作用。

议程设置的核心思想在于，传播的内容和方式可以引导公众的关注和讨论。而服装表演，正是这种引导的一个典型例子。通过精心的设计和策划，服装表演可以为公众提供一个独特的视觉体验，从而引起公众的关注

---

① 麦库姆斯.议程设置：大众媒介与舆论 [M].郭镇之，徐培喜，译.北京：北京大学出版社，2008：2.

和讨论。服装表演的传播，可以分为场内传播和场外传播。场内传播，是指表演的现场效果，即观众在现场所看到和感受到的一切。这种传播往往是瞬时的，却具有强烈的感染力。观众在现场可以直接感受到服装的魅力和设计师的创意，从而产生强烈的共鸣和认同。而场外传播，则是指服装表演的总体效果，即表演在公众中产生的长远影响。这种传播往往需要一定的时间和过程，但其影响力却是深远的。通过媒体的报道和公众的讨论，服装表演的主题和风格可以在公众中产生广泛的影响，从而实现品牌和设计师的传播目标。从这个角度来看，场内传播和场外传播实际上是相辅相成的。场内传播为场外传播提供了引爆点，为公众提供了一个独特的视觉体验；而场外传播则是对场内传播的延伸和放大，为公众提供了一个深入的艺术体验。因此，从传播的角度来审视，服装表演是一种典型的议程设置。它不仅仅是为了展示服装的设计和风格，更是为了引导公众的关注和讨论，为品牌和设计师提供一个有效的传播平台。通过精心的设计和策划，服装表演可以为公众提供一种独特的艺术体验，从而达到预期的其传播的目的和效果。

首先，在特定的时间和地点，当组织者、演出者和观看者聚集在一起，围绕服装进行展示与观看时，这不仅仅是一场普通的服装展示，更是一场议程设置的实践。这种形式的展示与常态的展示如橱窗、店内陈设等形式相比，具有更强的吸引力和影响力。议程设置强调的是如何通过传播来引导公众的关注和讨论。在这种特定的环境中，服装不再是简单的物品，而成为议程的中心。每一件服装，每一个细节，都成为观众关注的焦点和公众讨论的话题。

其次，时尚界历来都是流行趋势的制定者和引导者，通过不断的创新和变革，为消费者提供了无数的新概念和新风格。从某种风格到某种族群，各种标签和概念被成功地植入消费者的头脑中，成为他们日常生活和消费选择的参考。议程设置，就是通过有意图的设计和策划，引导受众的注意力和舆论的方向。在服装表演中，这种引导更是明显。每一场服装表演都有其独特的主题和概念，这些主题和概念往往是经过精心的提炼和设计的，目的就是吸引受众的注意力，为他们提供一个新的视觉和思考的角度。除了主题和概念，服装表演中还有很多其他的议程设置元素，如话题预热、现场看点和神秘嘉宾等。这些元素都是为了增强服装表演的吸引力，为受众提供更多的关注点和讨论点。为了更好地进行议程设置，服装表演的组织者和设计师往往会选择以新闻稿的形式发布相关信息。这种方式不仅可以确保信息的准确性和权威性，还可以为受众提供一个清晰的信息来源和参考。通过这种方式，传播发起人可以更好地引导受众的注意力和舆论的方向，实现议程设置的目的。

最后，每年两次的春 / 夏和秋 / 冬时装周，成为议程设置的经典范例。这些时装周不仅仅是展示服装的场合，更是决定时尚趋势和方向的重要平台。每一次的时装周都是经过精心策划和组织的，旨在为设计师和品牌提供一个展示其作品的最佳平台。因此，人们的关注焦点自然而然地围绕时装周的议程。这种制度化的设置不仅确保了时装周的顺利进行，还为设计师和品牌提供了一个与观众互动的机会。时装周的另一个特点，是其相对固定的日程。这种固定性培养了人们的关注习惯，使得每一次的时装周都能吸引大量的观众和媒体的关注。而且，由于时装周的重要性，业内的资源，如模特、媒体等，都会在这段时间内相对集中，为时装周提供了充足的支持和帮助。

三、服装表演与多级传播

服装表演的传播既依赖于大众传播的广泛覆盖，又受益于人际传播的深度影响。这两种传播方式各有特点，但在服装表演的传播中，它们交织在一起，相辅相成，构成了一个复杂而高效的多级传播系统。

（一）多级传播与关键意见领袖

"两级传播"和"意见领袖"理论对于理解服装表演的传播原理具有重要的参考价值。大众传播的主要作用是同化、维护或催化，而不是简单地改变受众的原有态度。这意味着，当大众媒体传播某一信息时，这一信息不一定能够直接影响到每一个受众。相反，这一信息往往需要通过一些特定的人群，即"意见领袖"，来进行"过滤"和"加工"，可以影响到广泛的受众。

在服装表演的传播中，这一理论同样适用。当某一服装品牌或设计师发布新的设计或系列时，这一信息不一定能够直接影响每一个潜在的消费者。相反，这一信息往往需要通过一些特定的人群，如时尚博主、杂志编辑或名人，来进行传播。这些人群，由于其在时尚界的影响力和知名度，往往能够更有效地将信息传达给更广泛的受众。这种"大众传播→意见领袖→受众"的传播链条，比直接的大众传播更具有说服力。这是因为，意见领袖往往具有较高的权威性和可信度，他们的推荐和评价往往能够更加深入地影响受众的购买决策。因此，对于服装品牌和设计师来说，与意见领袖建立良好的关系，利用其影响力进行传播，是一种非常有效的传播策略。通过与意见领袖的合作，可以更有效地将品牌或设计的信息传达给更广泛的受众，从而实现品牌的推广和销售目标。

在传播学中，多级传播是一个重要的概念。该概念由两级传播扩展而来，被称为"N级传播"。无论是两级传播还是多级传播，意见领袖都是其中的关键角色。意见领袖是那些最先或者较多接触大众媒介信息的人。他们不仅仅是信息的接收者，更是信息的再加工者和传播者。他们将从大众媒介中获取的信息进行加工和整合，然后传播给其他人。这种加工和整合往往是基于他们自己的经验、知识和观点，使得信息更加贴近实际，更具有说服力。意见领袖具有影响和改变他人态度的能力。这种能力，不仅仅是基于他们的知识和经验，更是基于他们在社交场合的活跃度。他们通常在社交场合中拥有较高的声誉和影响力，他们的观点和建议往往被其他人所接受和信任。

在时尚的传播过程中，意见领袖的作用显得尤为重要。与一般的日用消费品相比，时尚领域中的意见领袖，如明星、博主和时装编辑，对公众的影响力更为显著。这些意见领袖因其高度的符号化和视觉辨识度，成为公众关注的焦点，被誉为时尚偶像。时尚偶像现象是多级传播中的一个重要组成部分。从传播的角度来看，时尚偶像可以被视为多级传播中的关键意见领袖，也称为KOL（Key Opinion Leader）。这些意见领袖因其高曝光度和广泛的影响力，能够迅速吸引公众的关注，引发各种话题讨论。更为重要的是，他们的行为和选择往往会成为公众模仿的对象，从而产生强烈的示范效应。这种示范效应，不仅仅是在外观和穿着上的模仿，更是在情感和态度上的迁移。当公众看到自己喜欢的明星或博主穿着某一款服装，他们不仅会模仿这种穿着风格，还会对这款服装产生深厚的情感和高度认同。这种情感和认同进一步影响了公众的购买决策和消费行为，从而实现了时尚的传播和推广。时尚偶像作为时尚的引领者和传播者，在时尚的变迁过程中起到了关键的作用。他们不仅为公众提供了时尚的参考和指导，还为时尚品牌和设计师提供了一个有效的传播渠道。通过与时尚偶像的合作和互动，时尚品牌和设计师可以更好地将自己的设计理念和风格传达给公众，从而实现品牌的推广和销售。然而，时尚偶像本身也是不断变化和发展的。随着时间的推移，新的明星和博主不断崭露头角，成为公众的新宠。而那些曾经的时尚偶像，也会由于各种原因逐渐淡出公众的视野。这种代际更迭和新老交替正是时尚的本质所在，体现了时尚的多变和不断的发展进化。

（二）服装表演的多级传播

为了扩大服装表演的传播范围和提高传播效果，必须考虑到多级传播的策略。这意味着除了要考虑现场的观众，还需要考虑到场外的观众，以及通过各种传播渠道接触到的更广泛的受众。

1.服装表演的大众传播

讨论服装表演的多级传播，不得不提到的就是大众传播。除了订货会型的服装表演，观众主要是经销商，其他类型的演出都会邀请媒体参与。这意味着，这些演出不仅仅是为了展示服装，更是为了通过媒体将演出的内容传播给更广泛的受众。媒体的参与使得服装表演的影响力得到了极大的扩展，从而实现了品牌和设计师的传播目标。而即使是订货会型的演出，也并不是完全与大众传播隔绝的。现场的影像记录，可以为品牌和设计师提供宝贵的素材。这些素材可以发布在企业的公众号、官方网站和社交媒体平台上，从而实现大众传播的目的。通过这种方式，品牌和设计师可以将演出的内容传播给更广泛的受众，从而实现其市场推广和品牌建设的目标。服装表演的大众传播，主要发挥了以下功能。

（1）复制信息多次传播。通过摄影、视频等技术手段，服装表演的每一个细节都可以被精确地记录下来。尤其是秀场视频，它为观众提供了一种重新体验服装表演的方式。虽然视频无法完全再现现场的氛围和情感，但它仍然是记录服装表演的最佳方式。这些视频和图片不仅可以被保存，还可以作为传播素材在不同的平台上多次播放。品牌店内循环播放的当季新品发布会视频就是一个很好的例子。这种播放方式不仅为顾客提供了了解新品的机会，还为品牌创造了一种持续的宣传效果。顾客在店内可以通过视频了解品牌的最新设计理念和风格，从而增强其对品牌的认同感和购买意愿。虽然现场的观众也可以使用手机或相机记录服装表演的精彩瞬间，但大众传播媒体仍然是主要的信息源。这是因为大众传播媒体拥有专业的设备和团队，可以为观众提供高质量的视频和图片。此外，他们还拥有传播平台的优势，可以将这些素材快速地传播到更广泛的受众群体中。

（2）突破时空限制，扩大传播范围。传统的服装表演往往受到时间和空间的局限。观众必须身临其境，才能亲身体验表演的魅力。但在今天，这种局限性已经被大众传播媒介所打破。电视、网络、移动互联网等传播媒介，为服装表演提供了全新的传播平台。通过这些媒介，服装表演可以实现直播或转播，让更多的人看到表演的现场。这不仅仅是为了扩大传播范围，更是为了打破时空的局限性，为观众提供一个全新的艺术体验。维密秀，作为一个全球知名的服装表演，就是最具代表性的案例。每一次的维密秀，都会吸引全球数亿观众的关注。这不仅仅是因为其独特的艺术魅力，更是因为其成功的多级传播策略。通过电视、网络、移动互联网等传播媒介，维密秀成功地打破了时空的局限性，为全球观众提供了全新的艺术体验。

（3）强化既有认知和态度。对于一场服装表演，无论是常规的演出还是颠覆性的创意，都很难通过大众传播的力量，从根本上改变人们对品牌或设计师的固有态度。这是因为人们对于已知的品牌或设计师，往往已经形成固定的认知和态度，这些认知和态度是基于长时间的观察和体验形成的，不容易被改变。但这并不意味着大众传播对于服装表演没有价值。相反，对于那些已经形成了固定认知和态度的人们，大众传播可以强化这些认知和态度，使其更加深入和稳固。例如，对于一个已经被大众认为是高端和优雅的品牌，一场成功的服装表演可以进一步加强这种认知，使人们更加坚信这一品牌的高端和优雅属性。此外，对于那些新品牌、新元素和新概念，大众传播具有特殊的价值。因为这些新的品牌和概念，人们尚未形成固定的认知和态度，大众传播可以为其提供一个展示和传播的平台，帮助人们形成积极的印象和认知。

（4）制造话题影响意见领袖。每一场服装表演，都是一个独特的艺术创作，都有其独特的主题和风格。通过大众传播，这些主题和风格可以被更多的人知晓，从而引发广泛的关注和讨论。这种关注和讨论，不仅仅是对服装表演本身的欣赏和评价，更是对其背后的文化、历史和价值观的探讨和思考。结合前面的议程设置理论可以看出，服装表演的传播不仅仅是为了复制信息，扩大传播范围，更是为了制造话题，引发后续的人际传播。这种人际传播不仅仅是对服装表演的讨论和评价，更是对其背后的文化、历史和价值观的探讨和思考。好的传播不应随着演出的结束而终止。相反，它应该在演出之后，继续引发广泛的讨论，引起更多人的关注。这种关注，不仅仅是对服装表演本身的欣赏和评价，更是对其背后的文化、历史和价值观的探讨和思考。通过影响意见领袖，服装表演的传播可以进一步推动人们态度的改变。意见领袖作为社会中的重要人物，具有广泛的影响力和号召力，他们的观点和态度往往能够影响更多的人，从而实现态度的改变。

2.服装表演的人际传播

人际传播在服装表演的传播中，不仅仅是复制或传递信息，更是影响观念和态度。通过人际传播，服装表演的文化和理念可以更深入地传递给更多的人，从而达到其传播的目的和效果。

（1）意见领袖。服装表演，作为时尚界的一大盛事，自然也离不开意见领袖的参与。现在的服装表演，除了邀请传统媒体到场报道，还会特别邀请一些有影响力的时尚博主、网红和其他关键意见领袖。这些意见领袖，通过现场观看服装表演，不仅可以为品牌或设计师带来更多的关注，还可以影响他们的印象和评价。而这些印象和评价，进一步通过意见领袖的平台和影响力，传播给更广泛的受众。意见领袖的参与，为服装表演带来了更多的传播机会和更广泛的影响。他们的每一次分享、每一次评价，都可能成为新的传播节点，引发更多的关注和讨论。而这些关注和讨论，进一步推动了品牌或设计师的知名度和影响力。

（2）到场观众。过去，信息的传播主要依赖于传统的把关人，这些把关人通常是专业的组织或专业的人士，他们负责制造和筛选信息，然后将这些信息传播给大众。在这种模式下，信息的传播是一种自上而下的过程，大众往往是被动的接受者，他们只能接受把关人为他们筛选出来的信息。但在社交媒体时代，这种传播模式发生了根本性的变化。UGC（User Generate Content）成为一种新的趋势。在这种模式下，每个人都有可能成为内容的生产者。他们不仅可以消费内容，还可以创造内容。这意味着信息的传播不再是一种自上而下的过程，而是变成了一种多对多的交互过程。人们不再只是被动的接受者，他们也可以成为信息的生产者和传播者。在服装表演中，到场观众不再仅仅是观众，他们也可以成为内容的生产者。他们可以通过社交媒体分享自己的观点和感受，也可以上传自己拍摄的照片和视频。这些内容不仅可以为其他人提供参考，还可以吸引更多的人关注服装表演。

（3）后续活动与群体影响。后续活动与群体影响在服装表演的人际传播中占据了重要的位置。许多品牌在发布会演出结束后，都会安排一系列的后续活动，如酒会、派对等。这些活动不仅仅是为了庆祝发布会的成功，更是为了促进人际传播，推进讨论和交流。当人们在这些活动中聚集在一起，以服装表演为话题进行交流和讨论，服装表演的信息和影响就会迅速传播开来。根据群体动力理论，这种后续活动是促进人际传播的重要手段。当人们在一个轻松愉快的环境中与他人进行交流和讨论时，他们更容易接受和传播信息。这种人际传播不仅可以加快信息的传播速度，扩大信息的影响范围，还可以促进人们形成积极的态度和倾向。

在今天的社会中，传播的互动性已经增强。人们不再满足于被动地接受信息，而是希望能够主动地参与传播的过程。在这种背景下，只有发动了人际传播，才能实现真正的大众传播。服装表演，作为一个强大的传播工具，正是利用了这种互动性，通过后续活动和群体影响，促进了人际传播，从而实现了真正的大众传播。

第三节　服装表演传播策划及公共组织

一、传播物料准备

服装表演不仅仅是一个艺术的展示，更是一个品牌或设计师与观众之间的沟通桥梁。为了确保这一沟通的有效性，传播物料的准备显得尤为关键。传播物料，简而言之，是用于传递信息、强化品牌形象和吸引观众注意力的各种工具和材料。

（一）示现的传播物料

示现的传播物料，主要是在演出现场使用的，其目的是帮助传递信息，渲染气氛。这类物料通常包括海报、请柬和门票、视频等。这些物料不仅仅是为了展示服装的设计和风格，更是为了与观众进行互动，为他们提供一种沉浸式的艺术体验。

1.海报

作为一种传统的视觉传达手段，海报在服装表演的传播中，无论是在预热阶段还是在演出现场，都起到了关键的作用。通过精心设计的海报，观众可以对服装表演有一个初步的了解和期待，从而产生观看演出的兴趣和欲望。

电影宣传中的策略，为服装表演的传播提供了有益的借鉴。虽然预告片花可以为观众提供一个动态的预览，但在大范围的传播中，海报仍然是最为有效的手段。通过海报，观众可以在短时间内对电影或服装表演有一个直观的印象，从而产生观看的兴趣。除了主视觉的海报，视觉传达的策略还有很多其他的变化和创新。例如，倒计时海报，可以为观众提供一个时间上的参考，增强他们的期待感。通过每天更新的倒计时数字，观众可以感受到演出日益临近的紧张和兴奋。此外，主视觉海报也可以用于现场的环境布置。通过将海报作为现场的背景或装饰，可以为观众提供一个与演出相一致的视觉环境，增强他们的沉浸感和参与感。这种环境布置，不仅可以为观众提供视觉上的享受，还可以为他们创造与演出相一致的氛围，从而增强他们的观看体验。

2.请柬和门票

在服装表演的公关活动中，邀请嘉宾和媒体是至关重要的一环。为此，示现的传播物料，特别是请柬和门票，成为这一活动的关键组成部分。

请柬和门票，作为观众最先接触的元素，往往是服装表演给人留下的第一印象。这一印象不仅影响了观众对服装表演的期待，还决定了他们对整个活动的态度和感受。因此，设计和制作请柬与门票，不仅仅是为了传达信息，更是为了传达品牌的形象和理念。尽管在现代社会，电子邀请函的形式日益多样化，但许多时装秀仍然选择以纸质或实物的形式来制作邀请函。这是因为纸质或实物的邀请函，不仅可以展示品牌的创意和设计，还可以为观众带来一种正式的和个人化的体验。当一份精美、富于创意的邀请函，通过快递或专人送到被邀请人手中时，它所传达的诚意和尊重，是电子邀请函所无法比拟的。此外，纸质或实物的邀请函，还具有一定的收藏价值。一封设计精美、富有创意的邀请函，不仅可以吸引观众的注意，还可以成为他们的珍藏。留存下来的请柬和门票，不仅是一张纸，更是承载着人们对一场服装表演的美好回忆。

3.视频

视频，作为一种补充手段，能够丰富现场的信息传递形式。在服装表演中，视频可以展示服装的细节、模特的动作，以及背后的设计理念和故事。这些信息通过视频的形式，可以更加直观和生动地呈现给观众，使观众更加深入地了解和感受服装表演的魅力。此外，视频还可以为服装表演增加新鲜感。在今天的社会中，人们已经习惯于通过视频来获取信息和娱乐。因此，将视频融入服装表演中，不仅可以满足观众的需求，还可以为服装表演带来新的观众群体。这些观众可能并不熟悉或了解服装表演，但通过视频的吸引，他们可能会对服装表演产生兴趣，从而成为新的粉丝和支持者。

（二）再现的传播物料

再现的传播物料，是指将现场的服装表演，通过各种媒体和形式，再现给未能到现场的观众的物料。这些物料可以是视频、图片、文字报道等，利用它们的目的是让更多的人了解和感受到服装表演的魅力和价值。

1.新闻稿

新闻稿在服装表演的传播策划中是一个不可或缺的工具。它以文字的形式，对服装表演活动进行全面、详细的报道，为公众提供了关于活动的第一手资料。

通常，新闻稿会对服装表演活动的基本信息进行介绍，包括服装的风格主题、系列数量、套装数量等。除了这些基本信息，新闻稿还会对服装所传达的设计主张进行深入的阐释，包括服装所代表的流行趋势、时尚观点、生活观念和态度等。这些内容不仅有助于公众对服装表演的深入了解，还为他们提供了一个全新的视角，从而更好地理解和欣赏服装表演。为了确保新闻稿的有效传播，它通常以通稿的形式分发给各大媒体。这些媒体经过编辑和整理后，将新闻稿发布出去，实现大范围的扩散传播。考虑到不同媒体的特点和受众，有时会根据媒体类型撰写不同版本的新闻稿。例如，针对艺术和专业性较强的媒体，新闻稿可能会更加深入和专业；而针对大众化和娱乐性的媒体，新闻稿则可能更加简洁和通俗。为了进一步增强新闻稿的传播效果，通常还会选择一些新闻点进行重点突出。这些新闻点不仅包括色彩、面料、风格、款式、廓形、结构、装饰细节、鞋包和首饰等设计层面的内容，还包括了服装表演本身的一些特色元素。这些新闻点为新闻稿增添了更多的看点和亮点，使其更具吸引力和传播力。

2.秀场图

秀场图是一种图像记录，利用摄影技术对秀场进行精确的影像捕捉，为服装表演的传播提供了强大的支持。秀场图的主要内容是每个服装看点的正面高清大图。这些主图通常都是由专业的摄影师在特定的机位拍摄的，确保能够完整、清晰地展现每一个服装的设计和细节。除了主图，还会有一些其他机位的图片和细节图，如配饰、妆容等。这些图片可以为观众提供一个全面、深入的视角，让他们能够更好地理解和欣赏服装的设计和风格。为了确保秀场图的质量和完整性，主办方通常会特约一些专业的摄影师和摄影机构进行拍摄。这些摄影师不仅需要具备专业的摄影技能，还需要对服装表演有深入的了解和热爱。在表演现场，会为这些摄影师设置专门的区域，确保他们能够从最佳的机位进行拍摄。除了秀场图，后台、嘉宾及观众、秀场外围等花絮图也是传播物料中不可或缺的一部分。这些花絮图可以为观众提供一个全新的视角，让他们能够更好地了解服装表演的幕后故事和细节。例如，英国摄影师罗伯特·菲尔（Robert Fairer）专门拍摄秀场后台，他的作品为观众揭示了服装表演背后的艰辛和创意，成为传播策划中的一大亮点。

3.秀场视频

秀场视频是最为直观和生动的一种形式，能够为观众提供一个全方位的视听体验。

秀场视频通常有两种形式：直播和录播。直播是实时记录现场的演出活动，为观众提供一个即时的视听体验。这种形式需要导播即时切换机位，确保每一个重要的瞬间都能被捕捉到。因此，对技术和转播条件的要求都比较高。而录播则有一定的缓冲时间，可以进行视频的剪辑，加入后台、嘉宾观众等花絮内容，为观众提供一个更为完整和丰富的视听体验。相对于摄影，视频的记录具有更为丰富和生动的特点。通过推、拉、摇、移等摄影技术手段，以及视频剪辑等视听语言，可以丰富秀场的内容，增强其表现力。这种丰富和生动的视听体验，不仅可以吸引更多的观众，还可以为品牌和设计师带来更大的影响和价值。

除了传统的图、文、视频等形式的宣传物料，随着技术的不断进步，还有一些新兴的物料开始发展起来。例如，虚拟现实和互动小程序都为观众提供了全新的视听体验。这些新兴的物料不仅可以为观众提供更为真实和生动的视听体验，还可以为品牌和设计师带来更大的影响和价值。

二、媒介策划

在秀场内，尽管可以运用多种媒介手段进行信息的传递，但由于现场的空间和容量限制，其传播的覆盖面和影响范围相对较小。因此，为了扩

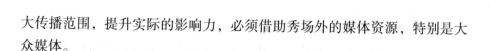

大传播范围，提升实际的影响力，必须借助秀场外的媒体资源，特别是大众媒体。

（一）媒体分析

只有深入了解各种媒体的特点和优势，才能为服装表演选择最合适的传播渠道。这就像模特有超 A、A 类、B 类、C 类的划分一样，虽然媒体没有统一的划分标准，但不同的媒体之间存在着明显的差异。这些差异可能与媒体的受众、传播范围、影响力等因素有关。

1. 按媒体形态来分类

媒体形态的不同，往往决定了传播的内容和形式，因此，对媒体形态的准确分类和理解，对于媒介策划的成功至关重要。报纸、杂志、广播、电视被公认为传统的四大媒体。这些媒体因其历史悠久、覆盖面广、影响力大，长期以来都是人们获取信息和娱乐的主要渠道。其中，报纸和杂志因其主要通过文字和图片传播信息，被统称为印刷媒体或平面媒体。这两种媒体因其形式固定、内容翔实、保存方便，长期以来都是人们获取深入、系统信息的主要渠道。而广播和电视因其主要通过声音和图像传播信息，被统称为电波媒体。这两种媒体因其形式生动、内容丰富、传播速度快，长期以来都是人们获取即时、多样信息的主要渠道。而随着科技的发展，网络媒体、社交媒体、移动互联网等新兴媒体逐渐崭露头角，被统称为新媒体。这些新媒体因其形式多样、内容丰富、传播速度快、互动性强，迅速成为人们获取信息和娱乐的新选择。特别是在今天，随着移动互联网的普及，新媒体的影响力已经超越了传统媒体，成为媒介策划中的重要考虑因素。

（1）传统四大媒体。对于印刷媒体而言，现场拍摄的图片是其传播服装表演的主要内容。这是因为，图片可以直观地展示服装的设计、风格和细节，为读者提供一个完整的视觉体验。但从时效性来看，印刷媒体的发稿速度存在差异。杂志的出版周期较长，可能需要两三个月才能发稿，但其印刷质量较高，尤其是时尚杂志，其图片的质量和设计都非常精美。而报纸的发稿速度较快，通常当天或第二天就可以见报，但其印刷质量不及杂志。广播和电视媒体则主要传播视听形式的内容。广播主要诉诸听觉，不太适合传播服装表演的内容。最多就是相关人士可以参加广播的专访或谈话节目，分享服装表演的背后故事和设计理念。而电视媒体则是传播服装表演活动的主力。电视可以为观众提供一个完整的视听体验，使其仿佛身临其境地参与服装表演。通常，电视媒体传播服装表演的主要途径有两种，即新闻报道和专题采访。

①新闻报道。新闻报道是一种大众化的节目类型，能够迅速传达信息，吸引大量观众的关注。但是，要想让服装表演活动出现在新闻节目中，必须具备一定的新、奇、特元素。一般的服装表演很难获得综合性新闻节目的报道。即使某场服装表演活动能够以新闻的形式出现，其在综合性新闻节目中的曝光时间也往往不会很长。这是因为，综合性新闻节目的内容丰富，报道的事件多，每个事件的报道时间都会受到限制。而在一些专门的时尚类栏目中，对服装表演活动的报道会更为深入。这些栏目的目标观众是对时尚感兴趣的人群，因此，对服装表演活动的报道会更为详细，曝光时间也会更长。例如，某场服装表演活动可能会被选为时尚类栏目的主题，进行深度的报道和分析。或者，在进行综述性报道的时候，会使用一些服装表演的片段，为观众提供更为丰富的视觉体验。

②专题采访。专题采访是围绕一个特定的题材，进行深入的采访和报道。专题节目的长度通常都在5分钟以上，这为节目的深入报道提供了足够的时间。在专题节目中，可以对一个人物，如设计师、经营管理者、时尚编导等，或是一个事件，如一场服装表演、品牌活动等，进行全面的介绍。专题节目的优势在于其内容的深度，能够为观众提供一个全面、立体的视角。

专题节目的制作，通常需要进行详细的策划。在策划的过程中，需要确定节目的叙事结构、情感线索等，确保节目的连贯性和吸引力。在制作节目的过程中，采访是最为重要的部分。通过采访，可以真实地刻画人物、反映事件。而服装表演的视觉效果，则常常作为节目的基本素材，穿插在节目中，为观众提供一场视觉的盛宴。

（2）新媒体。新媒体，包括互联网和移动互联网，随着技术的不断发展，已经逐渐进入传播推广领域，成为崛起中的新型大众媒体。与传统的平面媒体如报纸、杂志相比，新媒体具备了许多独特的优势。它们不仅保存性强、信息量大，还同时具备电波媒体直观、生动、便捷、迅速、冲击力和感染力强的特性。这意味着，新媒体可以为服装表演带来更大的传播效果和影响力。更为重要的是，新媒体基本不受版面空间和播出时间的限制。这为服装表演提供了更多的传播机会和传播方式的选择。与此同时，新媒体的互动性也非常强，可以为观众提供一个更为丰富和多样化的传播体验。例如，垂直社区网站与电子商务的结合，可以直接导向销售，为服装品牌带来更大的商业价值。

新媒体的合作形式主要有图文报道、网络直播/现场视频和人物访谈等。图文报道与传统的平面媒体相似，但其报道的角度更为多样化，图片依旧是主角，但台前幕后的内容都可以成为报道的焦点。而网络直播和现场视频，则可以为观众提供一个更为真实和直观的观看体验。人物访谈可以使观众有更为深入的了解，让他们更加了解服装表演背后的故事和创意，而且新媒体的发稿速度非常快。一般的活动，甚至是大型的服装表演，都可以在当天或者在服装秀结束的几个小时之内发稿。这种快速的发稿速度，不仅可以为观众提供及时的信息，还可以为品牌和组织者带来更大的曝光度。此外，新媒体，特别是社交媒体，具有非常强的互动性。网友可以通过留言、评论、投票等方式，与品牌和组织者进行互动。这种互动，不仅可以加强品牌和观众之间的联系，还可以为品牌带来更多的反馈和建议。除了图文报道，网络直播和现场视频也是近年来兴起的传播方式。这种方式需要一定的硬件和软件支持，但其效果非常喜人。通过网络直播和现场视频，品牌和组织者可以为观众提供一个真实的、第一手的体验。然而，采用这种传播方式，也需要面对一些挑战。如何提高收视率和点击率，如何进行事先的预热造势，如何防止瞬间涌入的观众过多，造成掉线、死机的故障，都是需要考虑的问题。除了这种形式，新媒体也可以进行人物访谈。这种访谈，既可以通过在线视频的方式，由主持人方面拟定提纲，进行面对面的交流；也可以与网友进行文字互动，在线回答他们的问题。

2. 按媒体的专业性来分类

按照媒体的专业性来分类，与服装表演相关的媒体大致可以分为四类，即行业媒体、消费类媒体、娱乐类媒体和一般大众媒体。

（1）行业媒体。这类媒体，如《中国服饰报》《服装时报》等报纸，以及《中国服饰》《服装设计师》等杂志，都是面向纺织服装行业的专业人士的。这些专业人士，涉及纺织服装企业、上下游经销商或加盟商、设计师、院校、行业协会等，都是服装表演的重要受众。除了传统的报纸和杂志，网络也成了行业媒体的重要平台。如 WGSN、中国时尚品牌网、中国服装网、穿针引线等，都是为纺织服装行业提供信息和资讯的专业网站。这些网站不仅提供了最新的行业动态和资讯，还为业内人士提供了交流和讨论的平台。对于服装表演来说，行业媒体的报道具有特殊的意义。与大众媒体不同，行业媒体更关注服装本身，而非表演。这意味着，行业媒体的报道更加深入、专业，能够为读者提供更多的信息和知识。此外，行业媒体的报道也能够形成一定的行业影响力，为企业、品牌和设计师建立行业口碑和人脉。

（2）消费类媒体。这类媒体的特点是，它们的报道既关注服装，也关注表演，很好地平衡了专业性与可读性。这意味着，消费类媒体不仅仅是为了传播专业的服装知识，更是为了满足广大消费者的阅读需求。消费类媒体的受众主要是爱好时尚的消费者，其中，城市白领和时尚青年居多。这些受众不仅关注服装的设计和风格，更关注服装表演的整体效果和氛围。因此，消费类媒体在报道时，往往更注重读者的偏好，追求市场效益。

在杂志方面，以服饰美容类为主，如 VOGUE、ELLE 等。这些杂志不仅提供了丰富的服装知识，还为读者提供了丰富的视觉体验。通过精美的图片和专业的文字，这些杂志为读者带来了独特的艺术享受。在网站方面，有 YOKA、海报等专业时尚网站，以及综合门户网站的下属频道，如腾讯时尚等。这些网站不仅提供了丰富的服装知识，还为读者提供了丰富的互动体验。通过在线评论、投票等功能，这些网站为读者提供了一个与他人交流和分享的平台。

（3）生活娱乐类媒体。这类媒体主要面向社会，其受众主要是关心娱乐圈和实用生活信息的年轻人。这一特点，使得生活娱乐类媒体成为服装表演活动的重要传播渠道。由于服装表演活动常有明星到场，而一些大牌模特也涉猎娱乐圈，生活娱乐类媒体往往会从娱乐性元素入手，如模特、后台及图片、视频等视觉层面。这种传播方式不仅可以吸引大量的年轻受众，还可以迅速提高服装表演活动的知名度。然而，生活娱乐类媒体的传播方式也存在一定的风险。由于这类媒体的受众主要是关心娱乐圈的年轻人，其报道往往容易流于八卦，失去对服装表演活动的专业性和深度。此外，由于娱乐圈的新闻往往伴随着各种争议和负面新闻，生活娱乐类媒体的报道也容易与负面新闻沾边，从而影响服装表演活动的形象。因此，对于服装表演活动的组织者和策划者来说，选择生活娱乐类媒体进行传播，既要看到其传播的优势，也要看到其存在的风险。在与这类媒体合作时，应该尽量确保报道的专业性和深度，避免流于八卦，同时也要防止与负面新闻沾边。

（4）一般大众媒体。一般大众媒体也称为综合性媒体，面向整个社会，其受众群体极为广泛。与专业媒体或行业媒体不同，一般大众媒体不仅仅关注某一特定领域或行业，而是涵盖了各种新闻和信息。对于服装表演来说，一般大众媒体具有特殊的价值。由于其受众群体广泛，通过这类媒体进行报道，可以确保信息能够迅速地得以广泛传播。无论是电视、广播、报纸还是网络媒体，都可以为服装表演带来广泛的关注和讨论。从一般新闻的角度对服装表演进行报道，可以为观众提供一个全面和客观的视角，而不是仅仅关注服装的设计和风格，还可以关注其背后的故事、设计师的创意和努力，以及服装表演对整个时尚产业的影响。这种报道方式不仅可以吸引时尚爱好者，还可以吸引那些对时尚不太了解，但对新闻和社会事件感兴趣的观众。此外，通过一般大众媒体进行报道，还可以为服装表演带来更大的社会影响力。当服装表演的信息被广泛传播和讨论，它不仅仅是一个艺术活动，更是一个社会事件，能够影响和改变人们的观念和态度。

3.按媒体的受众区隔来分类

按照媒体的受众区隔来分类，地域成为区分媒体的关键因素。媒体可以被分为全国性媒体、省级/区域性媒体和城市/地方性媒体。在这三者中，报纸、广播和电视的地域特征尤为明显。例如，全国性的电视台，如央视，其覆盖范围遍及全国；而省级的电视台，如各省的卫视，其覆盖范围主要集中在特定的省份或区域；城市/地方性的电视台，则主要针对某一城市或地区的受众。与此不同，杂志大多是全国性媒体，其受众区隔主要依赖于性别和年龄。杂志的受众定位不同，其内容、风格和话题选择都会有所不同。因此，当企业或品牌选择合作的媒体时，需要确保所选媒体的受众定位与企业或品牌的定位相契合。这不仅可以确保信息能够有效地传达给目标受众，还可以提高传播的效果和影响力。

4.根据媒体的影响力来分类

除了对受众的区隔，策划者还需要根据媒体的影响力来划分级别。这种划分可以帮助策划者更加明确地确定媒体的定位和策略，从而实现更加有效的传播。

一线媒体和二线媒体是根据媒体的影响力来划分的两个主要级别。一线媒体，是具有极高影响力的媒体，其报道和推荐往往能够引起广泛的关注和讨论。对于服装品牌来说，能够在这样的媒体上获得曝光，无论是专题报道还是普通报道，都是非常难得的机会。这种机会不仅可以为品牌带来巨大的曝光度和关注度，还可以提升品牌的形象和声誉。二线媒体，虽然其影响力可能不及一线媒体，但其覆盖面和受众群体往往更加广泛。对于服装品牌来说，二线媒体也是一个非常重要的传播渠道。通过与二线媒体的合作，品牌可以更加广泛地传播其信息和理念，从而产生更加广泛的影响。

（二）媒体策划

媒体策划不仅仅是选择合适的媒体渠道进行传播，更是对整个传播过程进行精心的设计和规划，确保服装表演的信息能够准确、迅速地传达给目标受众。

1.确定推广主题，选取新闻点

新闻点在媒体策划中起到了关键的作用。它既是传播的起点，也是媒体报道的重点。当新闻点被媒体报道后，它可以迅速传播到大众中，成为大众关注的焦点。在大众的心中，新闻点可以转化为看点、亮点和记忆点，从而实现服装表演的传播效果。因此，当进行媒体策划时，最重要的任务就是确定推广的主题，选取新闻点。这个新闻点，可以是服装表演的主题，也可以是与服装表演相关的其他话题。关键是，这个新闻点必须具有新颖性和独特性，能够吸引公众的关注，引发公众的讨论。例如，服装表演的主题是"复古风格"，那么新闻点可以是"复古风格如何影响现代时尚"或"复古风格在现代社会中的意义"。这些新闻点不仅是对服装表演的主题进行了深入的探讨，还为公众提供了一个新的视角，引发了公众的思考和讨论。

另外，新闻点也可以另辟蹊径，与服装表演的主题不完全一致。例如，服装表演的主题是"环保时尚"，那么新闻点可以是"如何将环保理念融入时尚中"或"环保时尚如何影响消费者的购买决策"。这些新闻点不仅是对服装表演的主题进行了延伸，还为公众提供了一个全新的话题，引发了公众的关注和讨论。

2.选择适宜媒体，合理布局

不同的媒体有其独特的受众群体和传播特点，选择适宜的媒体是确保传播效果的关键。例如，对于年轻的、追求时尚的受众群体，社交媒体和网络平台可能是更为合适的选择；而对于中老年的、注重传统的受众群体，传统的电视和广播可能更为合适。但选择适宜的媒体并不意味着参与的媒体越多越好。相反，过多的媒体参与可能会导致资源的分散，从而降低传播的效果。因此，媒介策划的关键在于用有限的经费，请到适宜的媒体，确保每一分投入都能产生最大的传播效果。同时，只有进行合理的媒体布局，才能确保多媒体的立体式传播，从而实现最大的传播效果。这意味着，媒介策划不仅仅是选择哪些媒体进行传播，更是如何合理地布局这些媒体，确保每一分投入都能产生最大的传播效果。

（1）高举高打，重点布局。在备选媒体中，应该重点关注那些级别高、有分量的媒体。这些媒体，由于其权威性和影响力，往往能够为服装表演带来更大的传播效果。通过在这些媒体上发布重磅稿件，可以迅速形成传播点，扩大服装表演的影响力。重点媒体代表了传播的高度。例如，中央级的电视媒体平台，由于其广泛的覆盖范围和高度的权威性，往往能够为服装表演带来更好的传播效果。同样，上线时尚杂志的正文页，由于其专业性和针对性，也能够为服装表演带来更为精准的传播效果。此外，全国性的报纸，由于其广泛的读者群和极高的信任度，也是服装表演传播策划中不可或缺的媒体。为了确保重点媒体的报道效果，通常需要安排这些媒体的记者与服装表演的相关人员进行细致的采访。这不仅仅是为了提供给记者更为详细和准确的信息，更是为了确保报道的角度和内容能够与服装表演的主题和风格相匹配。通过与设计师、企业、品牌代表以及演出相关人员的深入交流，记者可以更为深入地了解服装表演的背后故事，从而为读者和观众提供更为丰富和有深度的报道。

（2）大量复制，全面开花。除了在重点媒体上进行传播，还要在大量的一线媒体和地方性媒体上进行传播。这些媒体虽然可能不如重点媒体那样有影响力，但其数量众多，覆盖面广。通过在这些媒体上进行大量的传播，可以为服装表演造势，制造一种铺天盖地的传播效果。这种传播效果不仅可以扩大服装表演的传播范围，还可以制造一种热烈的气氛。当人们在不同的媒体上都看到关于服装表演的信息，他们会产生一种"这件事很火"的感觉。这种感觉可以进一步激发人们的好奇心和兴趣，促使他们更加关注和参与服装表演。

三、公关活动的组织实施

为了确保服装表演的成功和影响力，公关环节的组织实施必须精心策划和执行。其中，涉及多个关键环节，包括嘉宾邀约、媒体邀请、现场接待、秀后活动和新闻发稿。

（一）嘉宾邀请与接待

邀请函作为公关活动的重要组成部分，是重要的视觉传播形式。它不仅仅是一个简单的通知，更是品牌和活动的名片。因此，邀请函的设计应该与整场服装秀的视觉和调性保持一致，为观众创造出一个统一和协调的视觉体验。当观众收到这样的邀请函，他们不仅会对活动产生期待，还会对品牌和活动产生好感和信任。在现代社会，邀请函的形式也变得多样化。除了传统的实物邀请函，电子邀请函也成了流行的选择。这种邀请函不仅可以迅速传达信息，还可以为观众提供更多的互动和体验。例如，电子邀请函上可能会有活动的预告视频、品牌的故事介绍等，为观众提供更多的信息和体验。落实嘉宾的出席情况和排座位也是公关活动组织实施中的重要环节。这些工作虽然琐碎，却关系到活动的顺利进行和品牌形象的传达。例如，确保重要嘉宾的出席，可以为活动增添光彩，提升影响力；而合理的座位安排，可以确保活动的流畅进行，为观众提供一个舒适和愉快的观赏体验。

为了保证良好的出席率以及就座后的热烈气氛，嘉宾邀约工作需要进行细致的排位计划。负责嘉宾邀约的人员需要具备高度的责任心和严谨的工作态度。他们需要通过电话或电子邮件等形式，持续跟进邀请函的发送和回应情况，反复确认嘉宾的出席意向。在秀开始前，还需要进行提醒，确保嘉宾能够按时到场。除了嘉宾邀约，接待工作也是公关活动的重要环节。接待工作涉及很多细节，每一个细节都关系到嘉宾的体验和满意度。例如，嘉宾引导是接待工作的第一步，需要确保嘉宾能够顺利地找到自己的座位，不会因为找不到座位而感到尴尬或不满。礼品和宣传品的准备和发放也是接待工作的重要环节。这些礼品和宣传品不仅是为了表示对嘉宾的感谢和尊重，更是为了加深嘉宾对品牌和活动的印象。通常，礼品和宣传品会在签到处领取，或放置在指定的座位上，确保嘉宾能够轻松地获取。

（二）媒体邀约及接待

过去，服装秀的传播主要依赖于时尚媒体，尤其是时尚杂志。这些杂志作为时尚界的权威，不仅为大众提供了关于服装秀的最新信息，还为设计师和品牌提供了一个展示自己的平台。然而，随着社交媒体的兴起，服装秀的传播方式发生了巨大的变化。

今天，任何出席服装秀的人都有能力分享关于服装秀的信息、图像以及他们的评论。这种分享不仅是对服装秀的记录，更是对设计的评价和推荐。与此同时，社交媒体为大众提供了一个互动的平台，使他们可以直接参与服装秀的讨论和评价。这种互动性不仅加强了服装秀的传播效果，还为设计师和品牌带来了更多的反馈和建议。与嘉宾的邀约接待不同，媒体的邀约及接待更为重要。媒体，作为传播者，不仅仅是记录一场服装秀，更是左右着对设计的评价，推动产品的市场落地。因此，在邀约媒体时，应当考虑到媒体的特点和需求，为他们提供足够的便利和支持。例如，为媒体提供专门的观看区域，确保他们能够从最佳的角度记录服装秀；为媒体提供详细的资料和信息，帮助他们更好地理解和评价设计；为媒体提供与设计师和品牌的交流机会，使他们能够获得更多的独家信息和资源。

（三）扩展活动

除了服装表演这一核心活动，公关活动还可以扩展至多个方面，如事前的新闻发布会、事后的酒会和派对、静态展示等。这些扩展活动不仅增加了品牌和设计师的曝光量，还丰富了传播的形式，为观众提供了全方位的品牌体验。

新闻发布会作为事前的公关活动，为服装表演创造了一个良好的舆论环境。通过与媒体的互动，品牌和设计师可以提前为观众揭示服装表演的主题和亮点，激发观众的兴趣和期待。同时，新闻发布会也为品牌和设计师提供与媒体建立良好关系的机会，为后续的传播活动打下坚实的基础。事后的酒会和派对，则为品牌和设计师提供了与观众深入互动的机会。在这些活动中，观众可以近距离地接触到服装的设计和制作，与设计师进行面对面的交流，深入了解品牌的理念和文化。这种深度的互动，不仅可以加深观众对品牌的认同和喜爱，还可以为品牌带来口碑传播的效果。静态展示，作为一个补充活动，为观众提供了静态的品牌体验。通过展示服装的设计和制作过程，观众可以更加深入地了解品牌的设计理念和工艺水平，从而增强对品牌的信任和认同。

服装表演不仅仅是展示服装的艺术，更是一种文化和创意的传播。为了确保这种传播能够达到预期的效果，选择合适的媒介和策略显得尤为重要。正所谓"工欲善其事，必先利其器"，这在现代的传播领域依然适用。在服装表演的传播推广中，选择合适的媒介和策略，是放大传播效果的关键。而公关活动，则为服装表演创造了一个良好的外部环境。无论是新品发布会、时装周还是其他的宣传活动，公关都能够帮助品牌和设计师与媒体、观众建立良好的关系，提高品牌的知名度和影响力。传播与公关虽然各有侧重，但两者都是为了同一个目标服务，那就是确保服装表演能够成功地传达给受众，达到预期的效果。传播关注的是如何将信息传达给受众，而公关关注的是如何创造良好的传播环境。两者相辅相成，缺一不可。

参考文献

[1] 周科.传播学视域下服装展示形态及创新设计研究 [M].长春：吉林大学出版社，2019.

[2] 肖彬，张舰.服装表演概论 [M].2 版.北京：中国纺织出版社，2019.

[3] 胡妙胜.阅读空间：舞台设计美学 [M].上海：上海文艺出版社，2002.

[4] 刘元杰.模特艺术表现 [M].北京：化学工业出版社，2015.

[5] 奥列弗·格劳.虚拟艺术 [M].陈玲，译.北京：清华大学出版社，2007.

[6] 米平平.服装表演训练教学中的高效实用教程解析：评《服装表演概论》[J].中国教育学刊，2017（1）：1.

[7] 柳文博，王宝环.时装模特发展简史 [J].丹东师专学报，2001（4）：76-77.

[8] 张振华.浅谈服装表演的发展前景与方向 [J].南风，2014（21）：125.

[9] 刘元杰，石轩玮."梦"娱乐类服装表演编导与组织策划赏析 [J].才智，2015（16）：1.

[10] 刘治成.服装表演 T 台妆容设计 [J].艺术大观，2019（9）：267.

[11] 吕雪.新时期服装表演中创意舞美设计的应用探索 [J].陕西教育：高教版，2016（10）：2.

[12] 郭海燕.浅析中国服装表演业的开端 [J].武汉科技学院学报，2011（1）：3.

[13] 姚殷亚.构建自由的舞台空间：对几场 T 台秀舞台设计的解读 [J].云南艺术学院学报，2012（4）：3.

[14] Glitter.秀场装置艺术先行 [J].新经济，2013（8）：1.

[15] 王贤锋. 全息术的历史与发展 [J]. 现代商贸工业，2007（5）：180–
182.

[16] 冯娟. 服装表演的传播模式变化初探 [J]. 内蒙古师范大学学报（哲学
社会科学版），2012（1）：4.

[17] 徐艺，张梅，吴绡怡. 论服装表演与服装设计的关系 [J]. 科技创新导
报，2009（21）：2.

[18] 郭巍. 虚拟现实技术特性及应用前景 [J]. 信息与电脑（理论版），
2010（5）：2.

[19] 谢莉萍. 促销型服装表演策划与准备流程探讨 [J]. 纺织科技进展，
2017（8）：55–57.

[20] 张妍. 形体训练对模特的重要性 [J]. 品牌，2014（8）：186.

[21] 周易军，宣翘楚. 论服装表演活动的传播要素与传播模式 [J]. 传播与
版权，2015（2）：114–116.

[22] 于淼. 服装表演模特的训练方法分析 [J]. 艺术科技，2015（1）：253.

[23] 楼丽娟. 服装模特形体训练课程教学改革与实践 [J]. 现代装饰（理论），
2014（12）：249–251.

[24] 张欣欣，杨婷. 服装表演的关键因素之场地的选择 [J]. 黑龙江科学，
2014（8）：176.

[25] 潘晓玲. 略谈服装表演模特的训练方式 [J]. 浙江纺织服装职业技术学
院学报，2014（2）：116–118.

[26] 韩雪，叶淑芳. 浅析服装模特表演商业活动策划 [J]. 中小企业管理与
科技（中旬刊），2014（4）：153–154.

[27] 武思宇，张原. 服装表演的传播学分析 [J]. 艺术教育，2013（10）：
102.

[28] 郝丽. 服装表演队形编排的研究 [J]. 大舞台，2013（7）：100–101.

[29] 管丽芳. 论服装模特舞台表演编排 [J]. 大舞台，2013（7）：102–103.

[30] 蔺丽. 浅谈服装表演中的舞台编排 [J]. 才智，2012（26）：143.

[31] 徐元. 服装模特主题表演训练的教学研究 [J]. 艺术教育，2012（2）：
88–89.

[32] 张轶 . 舞台编排与氛围设计在服装表演中的应用 [J]. 广西轻工业，2011（4）：157-158.

[33] 陶冶 . 关于时装表演的心理感知训练 [J]. 艺术教育，2011（4）：157.

[34] 陈颖 . 论服装表演活动的管理模式 [J]. 科技传播，2010（24）：81-82.

[35] 吕寅 . 谈中外服装表演模特在训练上的方式 [J]. 大众文艺，2010（16）：223-224.

[36] 张原，王坚 . 浅谈服装表演的氛围设计 [J]. 美与时代，2003（12）：64-65.

[37] 金润姬，孙龙威 . 服装表演舞台设计中装置艺术的应用研究 [J]. 西部皮革，2023（15）：121-123.

[38] 李静 . 舞台音乐与服装表演策划融合初探 [J]. 黑龙江纺织，2023（2）：46-48.

[39] 张拯 . 投影技术下服装表演舞蹈的设计研究 [J]. 上海包装，2023（5）：25-27.

[40] 张雨薇 . 服装表演过程中造型设计的实践运用 [J]. 上海包装，2023（5）：162-164.

[41] 张琦 . 服装模特在当今社会中的发展趋势 [J]. 化纤与纺织技术，2023（5）：59-61.

[42] 吕文丰，王云玉 . 灯光对服装表演视觉效果的影响 [J]. 西部皮革，2023（8）：143-145.

[43] 冯一格，李永美 . 音乐元素在服装表演艺术中的运用 [J]. 西部皮革，2022（21）：138-140.

[44] 金润姬，吕文丰 . 现代舞台服装表演的化妆造型与设计研究 [J]. 鞋类工艺与设计，2022（20）：19-21.

[45] 江婧 . 音乐教育与服装表演艺术的融合 [J]. 棉纺织技术，2022（10）：95-96.

[46] 焦珊 . 服装表演中的中国传统化妆造型元素运用研究 [J]. 西部皮革，2022（17）：100-102.

[47] 王润宇，兀松. 试论服装表演舞台设计中的装置艺术 [J]. 鞋类工艺与设计，2022（16）：21-23.

[48] 杨启航. 舞台音乐与服装表演策划相融合探究 [J]. 西部皮革，2022（15）：146-148.

[49] 周俞均. 服装表演中的音乐及灯光应用研究 [J]. 棉纺织技术，2022（8）：102-103.

[50] 黄兆珩. 服装表演舞台美术设计的表现形式 [J]. 西部皮革，2022（13）：147-149.

[51] 宁婧. 服装表演舞台设计的视觉表现形式研究 [J]. 鞋类工艺与设计，2022（8）：21-23.

[52] 谷雪铭. 论秀场编导对服装表演的执行力 [J]. 戏剧之家，2019（20）：131-132.

[53] 米平平，郝丽. 服装表演的传播模式特征与社会功能 [J]. 新闻战线，2018（6）：74-75.

[54] 于越. 浅谈服装表演艺术的演变与发展策略 [J]. 黄河之声，2017（12）：112-113.

[55] 季涛频. 数字化时代图形传播趋势论 [D]. 武汉：武汉理工大学，2006.

[56] 李芝. 新媒体表演艺术的创意表现 [D]. 北京：北京服装学院，2012：9.

[57] 郑好. 装置艺术在服装表演舞台设计中的应用 [D]. 武汉：武汉纺织大学，2021.

[58] 孔晓旭. 服装表演中形体语言的表现形式应用与研究 [D]. 大连：大连工业大学，2020.

[59] 田浩然. 新媒体环境下服装表演舞台设计研究 [D]. 天津：天津工业大学，2019.

[60] 魏海悦. 探索式服装表演的舞美设计研究 [D]. 西安：西安工程大学，2018.